U0348251

新型职业技术培训系列教材

中国核桃栽培新技术

The New Technique of Walnut Cultivation in China

任成忠　主　编

Chief Editor：Ren Chengzhong

中国农业科学技术出版社

图书在版编目（CIP）数据

中国核桃栽培新技术／任成忠主编.—北京：中国农业科学技术出版社，2013.6

ISBN 978 - 7 - 5116 - 1290 - 8

Ⅰ.①中… Ⅱ.①任… Ⅲ.①核桃 - 栽培技术 Ⅳ.①S664.1

中国版本图书馆 CIP 数据核字（2013）第 107196 号

责任编辑　崔改泵
责任校对　贾晓红

出 版 者　中国农业科学技术出版社
　　　　　北京市中关村南大街 12 号　邮编：100081
电　　话　（010）82109704（发行部）　　（010）82109194（编辑室）
　　　　　（010）82109709（读者服务部）
传　　真　（010）82106650
网　　址　http://www.castp.cn
经 销 者　各地新华书店
印 刷 者　北京富泰印刷有限责任公司
开　　本　850mm×1 168mm　1/32
印　　张　5.5　彩插　20
字　　数　138 千字
版　　次　2013 年 6 月第 1 版　2018 年 1 月第 4 次印刷
定　　价　20.00 元

《中国核桃栽培新技术》

编委会

咏核桃

历尽沧桑报千载
根植沃土志家边
春风吹得叶黄展[①]
秋露时节硕果来
固碳制氧咱为官[②]
体态丰盈披迷彩[③]
玉身金甲漂小海
绿色健康福祉来

任战忠
20-3年3月十二日

①. 核桃雄花为叶黄花絮。
②. 叶片可以吸收二氧化碳，释放出氧气。
③. 成熟时仁肉饱满，壳呈黄亮，外绿皮像迷彩服。

序
Preword

　　我国栽培核桃历史悠久，是世界核桃主要生产大国。随着国内外核桃市场需求和经济效益的不断增长，我国核桃种植面积持续上升，2011年已达5 700万亩，比20世纪60年代1 000万亩增加了4.7倍；坚果产量也由20世纪80年代的12万吨提高到2011年的166万吨，超过2006年世界总产量320万吨的1/2，已遥遥领先于美国、土耳其、伊朗等核桃主产国。我国核桃生产正在经历着一场由实生繁殖、粗放栽培向品种化、产业化集约经营转变的大改革，在这改革的浪潮中，汾州核桃始终是我国核桃生产发展的缩影和典范。在核桃良种选育工作中，汾阳市与中国林业科学研究院协作，建立良种繁育基地和全国优良品种区试园，对核桃种质资源的保护、利用和我国首批新品种的选育做出了重要贡献；21世纪以来，在突破核桃大面积田间芽接技术关键的基础上，汾阳市一跃成为我国新品种的主要育苗基地，年生产嫁接苗3 000万株以上，有力地促进了我国核桃品种化的进程；变果农分散手工加工为企业化、机械化加工，提高了产品品质和价值，汾阳市已建成加工企业10余家，促进了核桃深加工和标准化。近20年来的改革、创新为我国核桃生产积累了极为宝贵的经验，亟待总结推广。《中国核桃栽培新技术》一书因此应运而生。本书作者任成忠等在总结"汾州核桃"品牌发展成功经验的基础上收集了国内外核桃的先进栽培技术，编写成此书，其特点是技术新、实用性强，尤其在核桃新品种的选育、嫁接（高接）技术、丰产园的建立、规模化集约经营及建立产、供、销一条龙核桃产业等方面提出了新的技术措施，对我国核桃产业向国际先进水平推进具有较大的指导意义。

中国林业科学研究院研究员　裴声珂

2013 年 3 月 12 日

Preword

China has a long history of walnut cultivation. With increase of both domestic and foreign markets consume, walnut production in China has increased significantly. Walnut plantation area is from 666 thousand hectares (1960') to 3800 thousands hectares (2011); nut yield from thousand tons (2006') to 1660 thousands tons (2011), China has become the world's walnut leading producer.

The improvement of Chinese walnut industry has been going on in China since 1980, included transforming planting seedling into clonal propagation and transforming extensive cultivation to the intensive management. During this period Fen Zhou walnut production area is always the epitome and molder in China. Cooperated with the Chinese Academy of forestry, the progress has been made on walnut breeding program (collection, conservation and utilization of walnut germplasm) and superior verities has been released. Since 21 centry , walnut field budding technology successed, Fen Zhou has subsequently become a major walnut breeding base of new varieties, above 30 million grafted seedlings produced each year. It has been effectively promoting extention of the walnut varieties in China. Instead of walnut manual processing separated by farmers, there are more than 10 enterprises of walnut handling have been built in Fenzhou, to make up the quality both inshell and shelled nuts and to increase the value of walnut crops by deep processing. The practice of 30 years accumulated valuable experiences for improving management of walnut industry in China. This Manual of < Management of Chinese Walnut Industry > written by Mr. Ren Cheng zhong is publishing just in time. The information contained in this Manual is based on the experiences of Feng Zhou walnut industry and concluded new technology of walnut production in the world. This Manual is specially compiled to provide: the selection of new verities; technology of budding and top working; the management of intensive walnut orchard; establishing the walnut industry system of production、handling and marketing.

Hopefully this Manul would be a nice guider for improving walnut industry towards an advanced international standard in China.

A researcher at the Chinese Academy of forestry, *Xi Shengke*

March 12. 2013

前 言
Foreword

　　核桃是世界四大干果之一，其营养价值及发展规模居于首位。现有美国、法国、土耳其等国在出口量和栽培技术上领先于我国。造成这种现状的原因是长期以来不注重优质品种的筛选和栽培技术不过关，为了中国核桃实现品种优良化、管理园艺化、经营集约化、生产标准化的目标，尽快提高产量与品质，赶超世界核桃生产的先进国家，作者总结了近年来各地核桃生产的成功经验，并结合近年来的工作实际，收集了国内外核桃发展的成功经验和汾州核桃栽植技术，编写了此书。

　　为了实现"美丽中国"，建设生态文明，我们有责任、有义务根据我国核桃产业发展的现状和不足，为今后我国核桃产业发展方向与目标提出指导性意见和建议，以实现中国核桃生产、加工、出口的"强国之梦"。

　　本书概述了国内外核桃发展状况、核桃新品种、核桃良种壮苗的繁育、丰产园区的建设、高接换优技术的应用等。内容新颖，重点突出，文图并茂，实用性强。此书出版，正值第七届世界核桃大会在山西省汾阳市（2013 年 7 月 20 ~ 23 日）隆重召开，这是世界核桃产业发展的盛会，核桃让人类更健康。我们一直致力于核桃发展的前沿技术，开创核桃产业发展的新天地。

由于工作水平有限，加之时间仓促，书中的缺点与错误在所难免，敬请读者批评指正。在此表示衷心感谢！

山西省核桃良种栽培技术　专家

中国经济林学会干果分会　理事

国家林业局科技　特派员

2013 年 3 月 8 日

Foreword

Walnut is one of the four major nuts in the world. Nutritional value and the scale of walnut plantation is in the first place. Because of advanced management of walnut industry, the United States, France and Turkey have been the leading countries over the years. Most of walnut foreign market has been occupied by the United States since 1970'.

It has been a long time for extensive cultivation of seedling in China, so that walnut production is behinds. In order to overtake advanced countries, screening excellent walnut varieties and adopting intensive management of walnut plantations is the urgent objective. This book has been written on the background of the successful practice of walnut production in Fen Zhou over the recent years, and specially including some information collected both domestic and foreign. This book is designed to provide a basic understanding from an overview of the domestic and global walnut production to recommending practices on all stages of walnut production, including screening varieties of high yield, establishing new orchard, successful technique of bud grafting and top – working. The advantage of this book is: mordern, emphasis clearlly, described by picture and practicable. The publicating of this book is just in time when the Seventh World Walnut Conference would be hold in Fenyang, Shanxi (2013. 7. 20 – 7. 23). It is an important events for world walnut industry. Hopefully this book could be a contribution to this meeting.

We have been committed to the objective of walnut development to create a new walnut industry in China. Limited by personal ability and hasty time, some mistakes in the books can hardly be avoided, please point out, and any suggestions will be welcomed.

Ren Chengzhong

March 5. 2013

目　　录

第一章　国内外核桃发展状况

核桃树个体高大，主干挺立，春夏枝繁叶茂，秋季硕果累累，它集社会、生态和经济效益于一身，经千百万年的进化与几千年人类的选育，成为人们心中的"圣树"。几百万年前，我们的祖先走出森林，经几万年实现农业文明，几千年的工业文明，现正向生态文明迈进，核桃伴随我们走向福祉。

一、核桃的三大效益

1. 社会效益

核桃树形美观，干皮灰白，羽状复叶，嫩叶所含芳香物质散发愉快的气息。除营造核桃林外还可供庭院、四旁绿化，也可点缀园林风景。核桃树，冠大叶多，根群强旺，可以用做防护林或水土保持林的主要树种。

核桃木材不翘不裂。抗压力、耐冲击，色泽淡雅而花纹美丽，且容易锯刨研磨，因而在军工、家具、乐器等行业很受重视。近年来，市场上出现核桃树木浆纤维与氨纶混合纺织的服装，其透气、吸附、舒适、杀菌的特性是其他服装无法比拟的。

树皮、根皮、果实青皮和树叶均含有大量单宁。国外核桃单宁常在棉织、毛绒、染印和鞣制皮革中用做染料成分，核桃叶还可提取香料。

核桃坚果壳有3种用途。第一，烧制活性炭用于净化空气及水质。第二，粉碎后经塑化处理压制成绝缘、耐磨的各种机壳。

第三，与锯末等易放烟的物质混装袋内，在晚霜冻发生时，点燃埋入树下防止霜冻危害。

2. 生态效应

核桃树势强壮枝粗叶大，具有拦截烟尘，吸收 CO_2 和净化空气的能力，因此，已作为全球降低"温室气体效应"的"碳汇"植物之一。

核桃根系发达，分布深广，可以涵养水源，固定土壤，减缓径流，防止侵蚀，是丘陵山区绿化和水土保持的理想树种。近十几年来，山西省注重"利用地下煤炭资源，建设地上绿色银行"，依托国家日元项目，退耕还林，三北防护林项目实施，每年发展 100 万亩（15 亩 = 1 公顷。全书同）核桃生态经济兼用树种，使汾河水之水更加清澈，核桃产业越做越强大。

3. 经济价值

最有价值的还是它的果实。在国际市场上，它与扁桃、腰果、榛子一起堪称为"四大干果"。核桃仁含有大量易消化的脂肪（60% ~ 75%）、蛋白质（约 20%）和糖类（约 10%）。此外还含有其他有益的营养成分，如磷（4.0‰ ~ 4.2‰）、钾（0.9‰ ~ 1.15‰）、铁、钙、镁、锰等以及好几种维生素、多酚、类黄酮、磷脂、花青素等多种功效成分，是世界公认的保健食品，具有健脑益智，预防心脑血管疾病、抗癌、补肾强体、抗衰老、美容等多种保健功效（彩图 1 - 1、彩图 1 - 2、彩图 1 - 3，见书后彩页）。

核仁中的大量脂肪使它具有很高的热量（8 000 ~ 8 500 千卡/千克）。它的热量比牛肉高出 5 倍多。脂肪含量高使之成为著名的油料树种。核桃油呈清澈的黄绿色，香味正，品质好。我国河北、北京、山西、云南等主要产区历来有食用核桃油的习惯。俄罗斯高加索等地区认为核桃油不亚于橄榄油。中亚一些地方的民族饭菜中，核桃油是必备的调味品。核桃油能有效降低突然死亡的风险，减少患癌症的概率，也能有效降低骨质疏松症的发生。常食不仅不会升高胆固醇，还能软化血管、减少肠道对胆固醇的吸收，阻滞胆固醇的形成并使之排出体外，很适合动脉硬化、高血压、冠心病患者食用。另核桃油还可作为油画颜料的原料。

核桃树的一些产品还有医疗价值。前苏联的高加索用核桃叶浸提物治疗瘰病、皮肤结核等疾病。我国医学上很久以前就用核桃仁治病。《本草纲目》中介绍核桃仁的药效时说它有"补气、养血、润燥、化痰、益命门、利三焦、温肺润肠"等作用。仅《本草纲目》一书就附有历代验方几十个。核桃因其含有最适宜人体健康的 $\omega-3$ 脂肪酸、花青激素、生育酚和抗氧化剂等，可有效减缓和预防心脏病、癌症、动脉疾病、糖尿病、高血压、肥胖症和临床抑郁症等的发生。

二、世界核桃与中国核桃的起源

有关核桃的起源中心说法不一：俄罗斯学者瓦维洛夫认为中国是起源中心之一，较多的说法是核桃起源于欧亚两洲交界的一些地区，由小亚细亚向西从巴尔干半岛的希腊、阿尔巴尼亚、保加利亚、罗马尼亚等国逐步扩展；向东到俄罗斯的高加索、克里木和中亚各国；向南及东南侧发展到阿富汗、印度和中国。北美和拉丁美洲的核桃是 16 世纪后由传教士所带入。目前，世界核桃栽培集中或较多的有美国、土耳其、中国、意大利、俄罗斯、南斯拉夫、法国等 20 多个国家。

核桃自然分布的海拔高度，在伊朗可分布到 1 400 米，吉尔吉斯斯坦分布到 2 300 米，在阿富汗的达尔巴依和秦叨依山的野生核桃林是 2 700 米。

俄罗斯境内的西天山有面积很大的野生核桃林，它们呈单层或复层林。第一层为核桃，有时混有土耳其斯坦橡、梨或苹果；第二层有西洋樱桃属、山楂属等果树和浆果；第三层是忍冬、旬子、小蘗等灌木（张毅萍，1981）。

中国是核桃起源中心之一。《资治通鉴》中记载：张骞出使西域（印度—射毒）公元前105年"汉使采其实以来，天子种之于离宫别观旁，极望"即：汉使采集果实、种子带回家，刘彻把它们种在行宫附近，极茂盛。此项记载只是说明张骞带回核桃种子，丰富了中国当时、当地的核桃资源。

《磁山文化》即河北省武安市有一座磁山，近年来挖掘发现至今7 000～8 000年前人类活动的遗迹，其中，就有"碳化核桃"，而汾阳（西河）在春秋战国时属赵国地域，《左传》"恒公三年（公元前709年）则西河为赵地矣"。汾阳边山一带历史上也曾发现了许多动植物化石，但我们只是未辨别出核桃罢了。

《西安半坡—原始氏族部落遗志》出土文物显示，经中国农业大学和中国科学院植物研究所孢粉分析后，发现了核桃孢粉。说明核桃栽培距今约6 000年。

《山西通志》明万历三十七年记载，并州：物产土宜；果属：葡萄，核桃；说明当时汾阳、孝义一带已盛产核桃。

《汾阳县志》中记载，汾阳置县已2 600年。汾阳南偏城芦王庄村有"核桃树凹"的地名，此地据史料记载已有4 000～5 000年以上的历史了。从以上史料佐证，中国核桃至少已有7 000年的历史了，也发现有化石，证明我国也是核桃原产地之一（彩图1-4，见书后彩页）。

我国幅员辽阔，地形复杂而气候多种多样，因而核桃的分布非常广泛。从经济区域看，西北、华北、东北、中南、西南和华东都有核桃的分布。按行政省区市则有：新疆维吾尔自治区（全书称新疆）、甘肃、青海、宁夏回族自治区（全书称宁夏）、陕西、山西、河北、北京、辽宁、天津、河南、山东、安徽、湖北、湖南、四川、贵州、云南、广西壮族自治区（全书称广西）、西藏自治区（全书称西藏）等20多个省区市。分布的最北点是新疆的博乐县，接近北纬45°；最南点是云南的个旧，位于北回归线以南；最西点是新疆的喀什（位于东经76°），最东点是辽宁省的丹东（东经124°以外）。总的看，我国核桃的水平分布是：东西横跨48°，南北纵越21.5°；垂直分布是：最低位于海平面以下34.5米处（新疆吐鲁番），最高是海拔4 200米（西藏拉孜县）。

我国核桃水平分布的广袤和垂直分布的高差都是举世无双的。它不仅孕育了非常丰富的种质资源，而且也为今后发展提供了广阔的种植区域。新疆野生核桃林的存在，为"中国是核桃起源中心之一"的说法提供了重要依据（郗荣庭，2009）。

三、国内外核桃产销状况

核桃栽培已遍及全球五大洲，世界核桃年总产量已达112万吨（2006年），主产国有中国、美国、法国、土耳其、印度以及意大利等。中国核桃生产自1990年以来发展迅速，产量超越40万吨，居世界之首。美国列居第二（约36万吨），但2006年平均单位面积产量（264千克/667平方米）及其产品的质量仍占绝对优势，为出口第一大国，出口量在10万吨以上（其中，约15%为带壳坚果，25%为核桃仁），约占国际市场的50%（表1-1）。

表1-1　中美及世界核桃产量（带壳）　　单位：万吨

年份	中国	美国	世界总产量
1990	16.5	22.7	53.3
1992	18.1	20.7	53.7
1994	23.2	23.2	60.9

（续表）

年 份	中 国	美 国	世界总产量
1996	23.8	20.8	65.8
1998	26.5	22.7	73.2
2000	31	23.9	78.3
2002	34	28.2	90.2
2004	43.7	32.5	102.3
2006	65.3	34.6	112.0
2008	82.4	42.7	189.1

注：联合国粮农组织数据库［DBIOL］（2009 年）

有一些技术先进国家的核桃单产量比我国高得多。法国核桃 10～15 年生树，在集约管理条件下，每公顷可产 4 000 千克，每亩合 266.5 千克。法国核桃每亩 8～11.3 株，15 年生树株产量可达 23.59～33.3 千克。美国 1973 年核桃结果树面积为 46 万公顷，当年产坚果 15.9 万吨，则亩产可达 345.5 千克。密植幼年树（7 米×7 米）株产 25 千克，15 年后（14 米×7 米），则每亩近 7 株，株产量为 49 千克。

中国核桃栽培面积是美国的 10 倍多，但总产量相差不大，从上述表中看到美国加州单株产量是中国汾州的 8 倍，亩（667 平方米，全书同）产是汾州的 18 倍之多。由此可见，我国粗放经营的 18 亩地的产量相当于美国的 1 亩之产，这充分说明我国的品种、管理及科技应用上差距还很大，根本不在一个层面上（表 1-2、表 1-3）。

表 1-2　美国加州核桃与中国汾州核桃产量比较

分布地区	核桃园面积（万亩）	核桃树数量（万株）	坚果总产量（万吨）	单株产量（千克/株）	亩产（千克）
美 国	131	1 346	34.60	25.70	264.00

（续表）

分布地区	核桃园面积（万亩）	核桃树数量（万株）	坚果总产量（万吨）	单株产量（千克/株）	亩产（千克）
中国	1410	15 000	49.9	3.33	35.4
汾阳（粗放经营方式）	43	780	0.6	7.7	14

（奚声珂，任成忠，2009）

表1-3　2005年中国核桃产量统计

省份	排名	产量（万吨）	比例（%）
云南省	1	9.12	12.87
陕西省	2	6.38	12.79
四川省	3	5.93	11.88
山西省	4	5.34	10.70
河北省	5	4.70	9.42
甘肃省	6	2.97	5.95
新疆维吾尔自治区	7	3.18	6.37
河南省	8	2.53	5.07
其他省/市/区	/	6.84	19.55
合计	/	49.90	100

　　随着世界核桃产业的发展，1961～2008年世界核桃贸易也呈现持续增长之势，但我国的出口贸易一直处于缓慢的状态（见下图）。

　　核桃在世界的总出口量，1960～1962年平均每年约4.5万吨，1965年稍有起伏，但总的趋势是逐年增加一些。

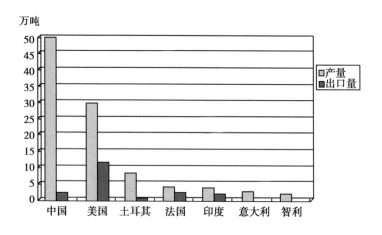

图　世界各主要核桃生产国的产量及出口量（2006）

（吴国良，2007）

中国是传统的核桃出口国。以 1929 年为例，当年出口核桃 1 227.4 吨，核桃仁 2 857.35 吨，外贸收入约 171 万海关两。当时主要销往日本、美国、菲律宾、德国等国家和地区。新中国成立初期核桃出口量约 1.6 万吨。1956 年达到 2.28 万吨。以后国内生产虽有大小年之分，但出口外贸数量尽量维持全国总产量的 20% ~ 30% 或更多。

我国核桃仁品质好、等级细，在国际市场上曾享有很高声誉，数量上也一向领先。在国际市场供不应求的年份（如 1972 年），价格一涨再涨，而在供过于求的年份（如 1973 年）则备受挑剔。甚至因混有少量夹核桃而遭到"索赔"或积压在外国码头仓库。

从 1986 年开始，中国的核桃出口开始持续减少，1986 ~ 2008 年，中国的核桃出口从 1.378 6 万吨，减少到 0.031 3 万吨，减少了 97.7%；核桃仁从 0.821 2 万吨增加到 1.037 3 万吨，增

加了 26.3%，而同期世界核桃出口贸易量则是从 7.9 万吨增加
到 12.8 万吨，增加了 60.7%；核桃仁出口贸易量从 2.3 万吨增
加到 15.7 万吨，增加了 583%，由此可见中国核桃的出口贸易
要远远落后于世界平均水平。从进口贸易来看，1986~2008 年
我国的带壳核桃进口量从 36 吨增加到 5 499 吨，末期是初期的
152.8 倍；核桃仁进口量从 572 吨增加到 2 288 吨，增加了 3 倍
多。由此可见，中国核桃仁和带壳核桃的进口增长速度远远快于
出口增长速度。要想改变这种生产、出口的倒挂现象，恢复我国
在国际市场上竞争力，就必须扎实有效地选用良种、无性繁殖、
科学管理，迅速形成优质的大宗商品。

四、当前核桃生产发展的科技动态

（一）良种化不断进展

技术先进国家都很重视引进改良推广优良品种工作。20 世
纪 80 年代，美国以晚实的福兰克蒂、哈特利为主，后来选育了
第一批早实品种如强特勒、契克、霍华德等。南斯拉夫、匈牙
利、奥地利、罗马尼亚、瑞士和比利时等国都有一些很不错的品
种。而且都在不断地选育了相当多的良种，如哈萨克就有 25 个
品种，亚美尼亚有 70 个。其中，有一些出仁率达 71.4%，含油
量超过 80%。高产的植株，50 年生株产 320 千克。此外还有一
些能耐 -35℃ 的耐寒品种及著名的"理想"核桃等。罗马尼亚
还选出一些适于水边生长的生态型品种。

良种化的一个动态是不断淘汰，由多到少。法国生产上曾经
用过上百个品种，目前，只保留和发展 7 个；美国加州在上世纪
集中栽培的只有 4 个，即福兰克蒂、培尼、哈特利和欧利卡。这
些品种有的较为耐寒，有的早实、高产、品质好。而如今被希

尔、维纳、爱希利、契可、强特勒等所取代。

新中国成立以来在品种选育方面也做了不少工作，有许多品种优于国外，我国核桃种质基因库是世界最丰富的。近年来辽宁的辽核 1 号、山东的鲁光、华北的晋龙、中林、香玲，新疆的新新 2 号等品种都各具特色。

（二）核桃嫁接技术广泛应用

应用嫁接方法繁殖良种，是快速推进良种实现规模经营的最有效的办法。核桃嫁接技术的应用，法国已有 370 多年、土耳其 150 年、美国 100 年的历史。我国 20 世纪 70 年代才开始应用，虽然起步晚，但发展迅猛。以汾阳市为例，1980 年左右每年嫁接苗仅 2 000 株，2000 年时为 200 万株，2012 年发展到 3 500 万株，30 年提高了 17 500 倍。

（三）集约化经营日趋重视

过去，国外的核桃栽培也常是分散的，单株的或与其他树种混生。近年来法国在加龙河流域大规模兴建了一批核桃园。新建园采用密植，每公顷栽 120 ~ 130 株（每亩平均 8 ~ 8.7 株），最高达到 170 株。

美国的核桃 95% 在加州，并且主要集中在 18 个县，有不少农场在千亩以上，栽培面积大部分为 7 米 × 7 米，少数 6 米 × 7 米，5 米 × 6 米，一般 3 年开始挂果，5 年后即进入丰产期，并且全部采用了配方施肥，科学修剪，滴灌技术等集约经营手段，以提高单产量。

（四）机械化水平不断提高

欧洲许多国家核桃栽培早就采用机械作业了。美国的机械化程度最高。美国种植核桃只有 100 多年，由于集中生产和广泛采用机械作业（从耕作、灌溉、种植、修剪、喷药、施肥、采收加工等几乎全部机械化），因而核桃生产在美国处于稳步上升阶段。

各国滴灌、喷灌先进的灌溉设备已广泛采用，尤其是以色列的设备很受青睐。河北省"绿岭"公司、陕西省靖边县核桃园等，采用该国设备。

（五）生态产品绿色认证有了共识

随着人们生活水平的不断提高和健康意识的日益增强，特别是我国加入了WTO后，对产品质量提出了越来越高的要求，安全、优质、营养丰富的绿色产品将成为人们消费的目标，引起各国政府的重视。我国各地的核桃产品都申请了国家地理商标保护产品，如"漾濞核桃"、"石门核桃"、"汾州核桃"等都申请并获准了注册商标，这些区域生产的产品从种植、收获，加工生产、贮藏及运输过程中都采用了无污染的工艺技术，都制定出了各自的管理规程。

绿色食品基地应选择在空气清新、水质纯净、土壤未受污染、具有良好农业生态环境的地区进行发展。

第二章　核桃新品种介绍

一、早实核桃

1. 中林 1 号

【来源】中国林业科学研究院林研所用山西汾阳串子（晚实）作母本，用祁县涧 9 - 7 - 3（早实）作父本杂交育成。"七五"期间参加全国早实核桃品种区试，1989 年通过林业部鉴定。目前，北方各省正在大面积栽植，山西省作为首选主栽品种。

【性状】坚果中等大，圆形，平均单果重 10.45 克，最大 13.1 克，三径平均 3.38 厘米，壳面较光滑，壳厚 1.1 毫米，缝合线微凸，结合紧密，可取整仁，出仁率 57.4%，仁色浅，风味香，品质上等。在通风、干燥、冷凉的地方（8℃以下）可贮藏一年以上品质不下降。

【习性】植株生长势强，树姿较开张，分枝角 65°左右，树冠自然圆头形。叶质厚，深绿色，光合能力较强，属雌先型，中熟品种。17 年生砧木，高接第二年开始结果，第四年树高 5.5 米，冠径 5.2 米×5.0 米，树冠恢复 134.87%，分枝力 2.04 个，新梢平均长 14.2 厘米，粗 0.7 厘米，果枝率 89.4%，果枝平均坐果 1.88 个，株均结果 561 个，折合产量 5.86 千克，按树冠垂直投影面积计算，每平方米产仁量 0.21 千克，比高接前提高 6.1 倍。该品种连续结果能力较强，结果过多易果个变小，注意增强肥水管理。

晋中地区 4 月上旬萌芽，4 月下旬雄花盛期，雌花比雄花早放 2～3 天，9 月上中旬果实成熟，10 月底落叶。果实发育期 135 天，营养生长期 210 天。

较抗寒、耐旱、抗病性较差。

该品种具有杂交优势适应性较强，特丰产，品质优良。

2. 中林 3 号

【来源】中国林业科学研究院林研所用山西光皮绵（晚实）作母本，用祁县涧 9－9－15（早实）作父本杂交育成。"七五"期间参加全国早实核桃品种区试。目前，北方各省正在引种试栽，山西省已作为主栽品种。

【性状】坚果中等大，长圆形，平均单果重 11.93 克，最大 14.5 克，三径平均 3.48 厘米，壳面较光滑，壳厚 1.34 毫米，缝合线紧，可取整仁，出仁率 54.4%，仁色中，风味香，品质中上等。在通风、干燥、冷凉的地方（8℃以下）可贮藏一年以上品质不下降。

【习性】植株生长势强，树姿较直立，分枝角 60°左右。叶片大，叶质厚，深绿色，光合能力强，属雌先型、中熟品种。17 年生砧木，高接第二年开始结果，第四年树高 5.63 米，冠径 5.0 米×4.8 米，树冠恢复 124.87%，分枝力 1.96 个，新梢平均长 7.8 厘米，粗 0.72 厘米，果枝率 80.9%，果枝平均坐果 1.21 个，株均结果 655 个，折合产量 7.81 千克，按树冠垂直投影面积计算，每平方米产仁量 0.226 千克，比高接前提高 7.62 倍。该品种树势强壮，特丰产，适宜在黄土丘陵区生长，但应注意疏花疏果，合理负荷，延长结果寿命。

晋中地区 4 月上旬萌芽，4 月下旬雄花盛期，雄花比雌花晚 2～3 天，9 月上中旬果实成熟，11 月上旬落叶。果实发育期 135 天，营养生长期 215 天。

抗寒、耐旱、抗病性较强。

该品种适应性较强，特丰产，优质。

3. 辽核 1 号

【来源】辽宁省经济林研究所用新疆纸皮作母本，用河北昌黎大薄皮作父本杂交育成。"七五"期间参加全国早实核桃品种区试，1989 年通过林业部鉴定。目前，华北、西北各省正在引种栽培，山西省已作为主栽品种。

【性状】坚果中等大，平均单果重 11.1 克，最大 13.7 克，三径平均 3.3 厘米，壳面较光滑美观，壳厚 1.17 毫米，缝合线紧微隆，可取整仁，出仁率 55.4%。仁色浅，风味香，品质上等。在通风、干燥、冷凉的地方（8℃以下）可贮藏一年以上品质不下降。

【习性】植株生长中庸，树姿开张，分枝角 70°左右，树冠半圆形，果枝短粗，叶片较大，深绿。属雌先型，晚熟品种。17 年生砧木，高接第二年开始结果，第四年树高 5.28 米，冠径 4.5 米×4.3 米，树冠恢复 101.8%，分枝力 1.9 个，新梢平均长 9.1 厘米，粗 0.83 厘米，果枝率 77.1%，果枝平均坐果 1.6 个，株均结果 389 个，折合产量 4.32 千克，按树冠垂直投影面积计算，每平方米产仁量 0.15 千克，比高接前提高 3.4 倍。该品种树冠紧凑，适宜矮化密植栽培。注意疏花疏果，合理施肥和修剪，防止结果部位外移，确保丰产稳产。

晋中地区 4 月上旬萌芽，4 月下旬雄花盛期，5 月上旬雌花盛期，9 月中旬果实成熟，10 月底落叶。果实发育期 125 天，营养生长期 210 天。

较抗寒、耐旱、抗病。1988 年雨量大，阴雨天长，有轻微黑斑病发生，病果率占 7.7%，病斑约占果面 1/5，近五年来未发现病害。喜欢深厚疏松土壤。

该品种适应性强，丰产优质。

4. 温185

【来源】新疆林业科学研究所选自阿克苏地区温宿"早丰薄壳品种群"。"七五"期间参加全国早实核桃品种区试，1989年通过林业部鉴定。华北、西北各省正引种栽培，山西省1990年列入推广品种。

【性状】坚果中等大，平均单果重11.2克，最大14.2克，三径平均3.4厘米，壳面光滑美观，壳厚1.09毫米，偶尔有露仁果，缝合线较松，可取整仁，出仁率58.8%，仁色浅，风味香，品质上等。在通风、干燥、冷凉的地方（8℃以下）可贮藏10个月品质不下降。

【习性】植株生长中庸，树姿较开张，分枝角65°左右，树冠半圆形。叶较大，深绿，短果枝强，属雌先型，早熟品种。17年生砧木，高接第二年开始结果，第四年树高4.27厘米，冠径4.0米×3.7米，树冠恢复114.0%，分枝力1.7个，新梢平均长9.7厘米，粗0.82厘米。果枝率75.9%，果枝平均坐果1.4个，株均结果346个，折合产量3.86千克，按树冠垂直投影面积计算，每平方米产仁量0.19千克，比高接前提高5倍。该品种树冠紧凑，适宜矮化密植栽培，注意疏花疏果，以保证连年丰产和坚果品质不降。

晋中地区4月上旬萌芽，5月上旬雌花盛期，5月上中旬为雌花盛期，9月上旬果实成熟，10月底落叶。果实发育期115天，营养生长期210天。

较抗寒、耐旱、抗病。1988年有黑斑病发生，病果率占100%，病斑约占果面1/5，近五年来未发现病害。要求肥水条件好，喜欢在疏松土壤中生长。栽培条件差，果实变小，品质降低。

该品种适应性较强，特丰产，品质优良。

5. 扎 343

【来源】新疆林业科学院选自阿克苏地区扎木台试验站早实实生核桃。"七五"期间参加全国早实核桃品种区试，1989 年通过林业部鉴定。目前华北、西北各省正引种栽培，山西省 1990年列入推广品种。

【性状】坚果中等大，平均单果重 12.4 克，最大 15.3 克，三径平均 3.7 厘米，壳面光滑美观，壳厚 1.16 毫米，缝合线紧，可取整仁，出仁率 56.3%，仁色中，风味香，品质中上等。在通风、干燥、冷凉的地方（8℃以下）可贮藏一年以上品质不下降。

【习性】植株生长势强，树姿半开张，分枝角 60°左右，树冠圆头形。叶质较厚，深绿色，属雄先型，中熟品种。17 年生砧木，高接第二年开始结果，第四年树高 4.44 米，冠径 3.8 米×3.6 米，树冠恢复 106.4%，分枝力 2.1 个，新梢平均长 6.0 厘米，粗 0.62 厘米，果枝率 85.0%，果枝平均坐果 1.2个，株均结果 415 个，折合产量 5.14 千克，按树冠垂直投影面积计算，每平方仁量 0.26 千克，比高接前提高 4.6 倍。该品种丰产稳产，树冠紧凑，适宜矮化密植栽培，注意肥水管理，合理负荷，防止树势衰弱。

晋中地区 4 月上旬萌芽，5 月上旬雄花盛期，5 月上中旬雌花盛期，9 月上中旬果实成熟，10 月下旬落叶。果实发育期 120天，营养生长期 205 天。

较抗寒、耐旱、抗病，1988 年秋雨量大，连阴时间长，有黑斑病发生，病果率 71%，病斑约占果面 1/5，近五年来未发现病害。土层深厚疏松，排水良好生长结果好。

该品种适应性较强，坚果漂亮，丰产优质。

6. 香玲

【来源】山东省果树研究所用早实品种阿 9 作母本，用早实品种上宋 5 号作父本杂交育成。"七五"期间参加全国早实核桃品种区试，1989 年通过林业部鉴定。目前，华北、西北各省正在引种栽培，山西省 1990 年列入推广品种。

【性状】坚果卵圆形，中等大，平均单果重 10.6 克，最大 13.2 克，三径平均 3.4 厘米，壳面光滑美观，壳厚 0.99 毫米，缝合线较松，可取整仁，出仁率 57.6%。仁色浅，风味香，品质上等。在通风、干燥、冷凉的地方（8℃以下）可贮藏一年以上品质不下降。

【习性】植株生长中庸，树姿开张，分枝角 70° 左右，树冠半圆形。叶片较小，绿色。属雌先型，中熟品种。17 年生砧木，高接第二年开始结果，第四年树高 5.4 米，冠径 1.85 米 × 1.8 米，树冠恢复 97.0%，分枝力 1.6 个，新梢平均长 6.0 厘米，粗 0.5 厘米，果枝率 55.8%，果枝平均坐果 1.4 个，株均结果 486 个，折合产量 5.18 千克，按树冠垂直投影面积计算，每平方米产仁量 0.28 千克，比高接前提高 8.38 倍。该品种丰产性强，肥水不足果实变小，结果过多时树势易衰弱。注意增施有机肥，适量负荷，延长结果寿命。

较抗寒、耐旱、抗病性较差，1988 年雨量大，阴雨天长，有黑斑病发生，病果率 100%，病斑占果面 1/5 ~ 2/5，近五年来未发现病害。对肥水条件要求严格、干旱、管理粗放，结果寿命短。

该品种适应性一般，特丰产，品质优良，但易衰弱。

7. 中林 5 号

【来源】中国林业科学研究院林研所用早实涧 9 - 11 - 15 作母本，用早实涧 9 - 11 - 12 作父本杂交育成。"七五"期间参加全国早实核桃品种区试，1989 年通过林业部鉴定。目前，北方各省正在引种栽培，山西省 1990 年列入推广品种。

【性状】坚果较小，圆形，平均单果重 9.22 克，最大 12.5

克，三径平均 3.22 厘米，壳面光滑美观，壳厚 0.87 毫米，缝合线较紧，可取整仁，出仁率 62.6%，仁色浅，风味香，品质上等。在通风、干燥、冷凉的地方（8℃以下）可贮藏 10 个月品质不下降。

【习性】植株生长势强，树姿半开张，分枝角 60°左右，树冠半圆形，叶片大，深绿，属雄先型，早熟品种。18 年生砧木，高接第二年开始结果，第三年树高 3.98 米，冠径 2.0 米×2.0 米，树冠恢复 72.88%，分枝力 4.0 个，新梢平均长 8.1 厘米，粗 0.75 厘米，果枝率 8.03%，果枝平均坐果 1.42 个，株均结果 360 个，折合产量 3.32 千克，按树冠垂直投影面积计算，每平方米产仁量 0.16 千克，比高接前提高 2.88 倍。该品种特丰产，坐果率高，干旱坐果多时果个易变小，栽培时应注意疏花疏果和加强肥水管理。

较抗寒、耐旱、抗病性较强，1988 年高接以来未发现病害。喜欢土层深厚疏松。

该品种适应性强，特丰产，品质优良，核壳较薄，不耐挤压，贮运时注意包装。适宜矮化密植栽培。

8. 鲁光

【来源】山东省果树研究所采用卡卡孜（晚实）作母本，用上宋 6 号（早实）作父本杂交育成。"七五"期间参加全国早实核桃品种区试，1989 年通过林业部鉴定。目前，华北、西北各省正在引种栽培。

【性状】坚果卵圆形，平均单果重 12.0 克，最大 15.3 克，三径平均 3.76 米，壳面光滑美观，壳厚 1.07 毫米，缝合线较紧，可取整仁，出仁率 56.9%，仁色中，风味香，品质中上等。在通风、干燥、冷凉的地方（8℃以下）可贮藏 10 个月品质不下降。

【习性】树体生长健壮，树姿较开张，分枝角 65°左右，树冠圆头形，叶片较小，灰绿色，属雄先型，中熟品种。17 年生砧木，高接第二年开始结果，第四年树高 5.1 米，冠径 4.0 米×4.1 米，树冠恢复 89.75%，分枝力 2.08 个，新梢平均长 5.0 厘米，粗 0.5 厘米，果枝率 51.81%，果枝平均坐果 1.49 个，株均结果 483 个，折合产量 5.8 千克，按树冠垂直投影面积计算，每平方米产仁量 0.194 千克，比高接前提高 4 倍。该品种坚果较大，叶片较小，树势易衰弱，注意加强肥水栽培管理。

较抗寒、耐旱性差、抗病力弱。1988 年雨量大，有黑斑病发生，病果率 100%，病斑占果面 1/5，近五年来未发现病害。对肥水条件要求严格，粗放管理易衰老枯死。

该品种适应性一般，特丰产，品质优良，适宜在肥水条件好的地方集约化栽培。

9. 强特勒

【来源】为美国主栽品种，1984 年由中国林业科学研究院奚声珂引入中国，目前，在辽宁、北京、河南、河北、山东、陕西和山西等地有少量栽培。

性状 树体中等大小，树势中庸，树姿较直立，属于中熟品种。侧芽形成混合芽比例在 90% 以上。嫁接树 2 年开花结果，4～5 年后形成雄花序，雄花较少。坚果长圆形，纵径 5.4 厘米，横径 4.0 厘米，侧径 3.8 厘米。单果重约 11 克，核仁重 6.3 克，壳厚 1.5 毫米，壳面光滑，缝合线平，结合紧密。取仁易，出仁率 50%。核仁浅色，品质较佳，丰产性强，是美国主要的带壳销量品种，由于展叶晚，可减少黑斑病发生。

【习性】在北京 4 月 15 日左右发芽，雄花期 4 月 20 日左右，雌花期 5 月上旬，雄先型。坚果成熟期 9 月 10 日左右。该品种适宜在温暖的北亚热带气候区栽植。

10. 新新 2 号

【来源】新疆林业科学院选育，早实丰产型。现为阿克苏地区密植园栽培的主栽品种。于 1979 年从新和县依西里克乡吾宗卡其村菜田中选出，经大树高接测定，基本保持母树特性，1990 年定名为品种。

【性状】果实 9 月上中旬成熟，长圆形，果基圆，果顶稍小、平或稍圆，纵径 4.4 厘米，平均单果重 11.63 克，壳面光滑，浅黄褐色，缝合线窄而平，结合紧密，壳厚 1.2 厘米，横隔膜中等，易取整仁，果仁饱满，色浅，味香，仁重 6.2 克，出仁率 53.2%，脂肪率 65.3%，盛果期 1 平方米树冠投影面积产果仁 324.3 克。

【习性】本品种长势中等，树冠较紧凑，适应性强，较耐干旱，抗病力强，早期丰产性强，盛果期产量上等，宜带壳销售，适于密植集约栽培。

11. 薄壳香

【来源】北京林果研究所从新疆核桃实生后代中选出。1984 年定名。

【性状】树势强，树姿较直立，分枝力较强。1 年生枝常呈黄绿色，中等粗度，节间较长；果枝较长，属中枝型。顶芽近圆形，侧芽形成混合芽的比率为 70%。小叶 7～9 片，顶叶较大。每雌花序多着生 2 朵雌花，坐果 1～2 个，多单果，坐果率 50% 左右。坚果倒卵形，果基尖圆，果顶微凹。纵径 3.8 厘米，横径 3.38 厘米，侧径 3.5 厘米. 壳面较光滑，色较浅；缝合线微凸，结合较紧。壳厚 1.1 毫米，内褶壁退化，横隔膜膜质。核仁充实饱满，浅黄色，核仁重 7.2 克，出仁率 58%，脂肪含量 64.3%，蛋白质含量 19.2%。

【习性】在北京 4 月上旬萌芽；雌、雄花期在 4 月中旬，雌花略早于雄花，属雌雄同熟型。9 月上旬坚果成熟，11 月上旬落叶。

二、晚实核桃

1. 晋龙 1 号

【来源】山西省林业科学研究所 1978 年选自汾阳县南偏城村当地晚实核桃类群，1985 年开始无性系测定，1990 年通过山西省科学技术委员会鉴定，定名为晋龙 1 号，并申报山西省地方标准。1991 年列入全国推广品种。主要栽培于山西、河北、北京、山东、江西等省（市）。

【性状】坚果较大，平均单果重 14.85 克，最大 16.7 克，三径平均 3.78 厘米，果形端正，壳面光滑，颜色较浅，壳厚 1.09 毫米，缝合线窄而平，结合紧密；易取整仁，出仁率 61.34%，平均单仁重 9.1 克，最大 10.7 克，仁色浅，风味香，品质上等。在通风、干燥、冷凉的地方（8℃以下）可贮藏一年，品质不变。

【习性】植株生长势强，树姿开张，分枝角 60°~70°，树冠圆头形。叶片大而厚，深绿色，属雄先型，中熟品种。突出的特点是侧花芽（第 3~8 个），常能开花坐果（初果期）并能单为结实。6 年生嫁接树，树高 3.8 厘米，冠径 3.03 米，分枝力 6.9 个，新梢平均长 22.22 厘米，粗 0.85 厘米，结果株率 58.82%，株均坐果 14 个，单株最高坐果 46 个。17 年生大树高接第三年开始结果，第六年生长结果习性趋于稳定，分枝力 1.6 个，果枝率 44.5%，果枝均坐果 1.7 个，株均产量 4.79 千克，按树冠垂直投影面积计算，每平方米产量 0.21 千克，比对照提高 3.89 倍。该品种是我国第一个晚实型优良新品种，适宜我国北方丘陵山区发展。

晋中地区 4 月上旬萌芽，5 月上中旬雌花盛期，雄花比雌花早开 10~15 天，9 月上旬果实成熟，10 月下旬落叶。果实发育期 120 天，营养生长期 210 天。

抗寒、耐旱、抗病性强。幼树在海拔 1 000 米以上的晋中地区有抽梢现象，4 年生以上发育正常。1988 年品种测产时，雨量大，未发生病害。栽培条件好，坚果大，种仁饱满，连续结果能力强。

该品种适应性强，2 年生嫁接苗开花株率达 23%，比实生树提早 4~6 年结果，丰产性强，品质优良，可在华北、西北丘陵山区栽培，山西已列为主栽品种。

2. 晋龙 2 号

【来源】山西省林业科学研究所 1978 年选自汾阳县南偏城村当地晚实（实生）核桃类群，1985 年开始无性系测定，1990 年定名为晋龙 2 号。目前，主要栽培于山西、陕西、甘肃、山东、北京等地。

【性状】坚果较大，平均单果重 15.92 克，最大 18.1 克，三径平均 3.77 厘米，圆形，缝合线紧、平、窄，壳面光滑美观，壳厚 1.22 厘米；可取整仁，出仁率 56.7%，平均单仁重 9.02 克，仁色中，饱满，风味香甜，品质上等。在通风、干燥、冷凉的地方（8℃以下）可贮藏一年品质不变。

【习性】植株生长势强，树姿开张，分枝角为 70°~75°，树冠半圆形，叶片中大，深绿色，属雄先型，中熟品种。7 年生嫁接树，树高 3.92 米，冠径 4.5 米×4.5 米，分枝力 2.44 个，新梢平均长 48.1 厘米，粗 1.21 厘米，果枝率 12.6%，果枝均坐果 1.53 个，株均坐果 29 个，单株最高坐果 60 个。品种时期丰产性强，适宜我国北方丘陵山区发展，对栽培条件要求不太严格。

晋中地区 4 月上中旬萌芽，5 月初雄花盛开，5 月中旬雌花盛开，9 月上中旬果实成熟，10 月下旬落叶。果实发育期 120 天，营养生长期 210 天。

抗寒、抗晚霜、耐旱、抗病性强。1988 年测产时，阴雨天长，未发生病害。在顶端花芽受冻，侧花芽还能形成果实，连年结果丰产性特强。

该品种适应性强，嫁接苗比实生苗提早 4～6 年结果，幼树早期丰产性强，品质优良，可在华北、西北丘陵山区栽培。

3. 礼品 2 号

【来源】辽宁省经济林研究所 1989 年从新疆晚实核桃 A2 号实生后代中选出。

【性状】树势中等，树姿半开张，分枝力强。1 年生枝常呈绿褐色，节间长，以长果枝结果为主。芽呈圆形或阔三角形。小叶 5～9 片。每雌花序着生 2 朵雌花，少有 3 朵。多坐双果，常在一个总苞中有 2 个坚果，坐果率 70%。坚果长圆形，果基圆，果顶圆微尖。纵径 4.1 厘米，横径 3.6 厘米，侧径 3.7 厘米。壳面光滑，色浅，缝合线窄而平，结合较紧密。壳厚 0.7 毫米，内褶壁退化，核仁充实饱满，黄白色，核仁重 9.1 克，出仁率 67.4%。

【习性】在辽宁省大连地区 4 月中旬萌动，5 月上旬雌花盛期，5 月中旬雌花散粉，雌先型品种，9 月中旬坚果成熟，11 月上旬落叶。该品种抗病，丰产，适宜在我国北方地区发展。

4. 晋薄 2 号

【来源】山西省林业科学研究所 1984 年选自汾阳县邓家坪当地晚实（实生）核桃类群，1986 年开始无性系测定，1990 年定名为晋薄 2 号。目前，主要栽培于山西、山东、河南等地。

【性状】坚果圆形，中等大小，平均单果重 12.07 克，最大14.2 克，三径平均 3.67 厘米，圆形，壳面光滑，缝合线结合较紧，壳厚 0.63 厘米；偶尔有露仁果，可取整仁，出仁率71.09%，仁色浅，风味香，品质上等。在通风、干燥、冷凉的地方（8℃以下）可贮藏 10 个月品质不变。

【习性】植株生长势强，树姿开张，分枝角 70°左右，树冠半圆形，叶片较大，叶质厚，深绿色，属雄先型，早熟品种。5年生嫁接树，树高4.6米，冠径3.0米×3.0米，分枝力2.28个，新梢平均长35.8厘米，粗1.37厘米，果枝率8.5%，果枝均坐果1.76个。该品早期丰产性强，适宜我国北方丘陵山区发展，对栽培条件要求不太严格。

晋中地区4月上旬萌芽，4月下旬雄花盛期，5月上旬雌花盛期，9月上旬果实成熟，11月上旬落叶。果实发育期120天，营养生长期125天。

抗寒、耐旱、抗病性强。1988年阴雨天长，未发生病害。抗干旱瘠薄土壤能力强，对栽培条件要求一般。

该品种适应性强，嫁接苗比实生苗提早4～5年结果，幼树早期丰产性强，出仁率高，品质特优。可在华北、西北丘陵山区栽培。

5. 西洛 1 号

【来源】西北林学院1972年从洛南实生核桃树中选出，1984年优树通过省级鉴定并定名。主要栽培于陕西、甘肃、山西、河南、山东、四川、湖北等省。

【性状】坚果近圆形，三径平均3.6厘米，平均单果重13.0克，壳面较光滑、缝合线平，结合紧密，壳厚1.13毫米，易取整仁，出仁率56.0%，单仁重7.4克，核仁充实饱满，仁色浅，风味香脆。核仁含脂肪69.29%，其中，含不饱和脂肪酸92.1%，含粗蛋白17.63%。在通风干燥冷凉的地方（8℃以下）可贮藏1年品质不变。

【习性】植株生长势旺，树姿较直立，盛果期后逐渐开张，树冠半圆形，属雄先型，中熟品种，晚实类型。嫁接苗6～7年进入盛果期，盛果期较丰产。分枝力较高，果枝率35%，长中短果枝的比例为40∶29∶31。每雌花序着生3朵雌花，坐果率60%，87%为双果。该品种适宜在秦巴山区、黄土高原及华北平原栽培。

　　在陕西 3 月底萌芽，4 月下旬雄花盛期，5 月上旬雌花盛期，雌雄花相差 10 天左右，果实 9 月中旬成熟，11 月中旬落叶，果实发育期 120 天，营养生长期 220 天。

　　抗寒、耐旱、抗病性强，特别是耐干旱瘠薄土壤，对栽培条件要求一般。

　　该品种适应性强，繁殖容易，坚果含不饱和脂肪酸高，品质特优，适宜在华北、西北丘陵山区栽培。

6. 清香

　　【来源】河北农业大学 20 世纪 80 年代初从日本引进，2002 年通过专家鉴定，2003 年通过河北省林业良种审定委员会审定。

　　【性状】树体中等大小，树姿半开张，幼树时生长较旺，结果后树势稳定。枝条粗壮，芽体充实，结果枝率 60% 以上，联系结果能力强。嫁接树第四年见花初果，高接树第三年开花结果，坐果率 85% 以上，双果率 80% 以上。坚果近圆锥形，较大，单果重 16.9 克。壳皮光滑淡褐色，外观美观，缝合线紧密。壳厚 1.2 毫米，内褶壁退化，易取整仁。核仁饱满，色浅黄，出仁率 52%~53%。核仁含蛋白质 23.1%，粗脂肪 65.8%，碳水化合物 9.8%，维生素 B_1 0.5 毫克，维生素 B_2 0.1 毫克，嫁接亲和力强，成活率高。

　　【习性】在河北保定地区 4 月上旬萌芽展叶，中旬雄花盛期，4 月中下旬雌花盛期，雄先型，8 月中旬果实成熟，11 月初落叶。该品种适应性强，对炭疽病、黑斑病及干旱、干热风的抵御能力强。

第三章　生物学特性与环境因子

一、生物学特性

1. 根系

核桃根系的生长状况与树龄、树势、土壤种类、肥水条件及修剪程度有密切关系。根系生长不良，必然导致地上部生长衰弱，形成"小老树"，因此核桃要生长好、结果多、寿命长，必须注重土壤肥水管理，为根系生长创造一个良好的环境。

2. 芽

（1）芽的种类　在一个发育比较完全的一年生枝条上，按其形态、构造及发育特点，可分为混合芽、营养芽、潜伏芽、雄花芽；按其着生位置可分为顶芽和腋芽；按照数目的多少可分为单芽和复芽。

①混合芽：芽体肥大，近圆形，鳞片紧包，萌芽扣抽生结果枝。晚实核桃着生在一年生枝条的顶部，多为 1~3 年，单生或与叶芽、雄花芽上下呈复芽状生于叶腋间。早实核桃的混合芽除顶芽外，包括大多数的腋芽，一般为 2~4 个，最多者可达 20 个以上。

②叶芽（又称营养芽）：晚实核桃多着生在混合芽以下，雄花芽以上或雄花芽上下呈复芽着生，萌蘖枝或徒长枝上的芽除基部的潜伏芽外，多为叶芽。早实核桃的叶芽较少。叶芽为阔三角

形。有棱，顶生的叶芽较肥大，但和顶生产混合芽比较起来芽顶较尖，鳞片较疏松。侧生的叶芽为圆形，像个小豆子，在一个枝条上常常是由下到上渐次增大。枝条中上部的叶芽可长成发育枝。

③雄花芽：裸芽，实际为一雄花序，多着生长在一年生枝条的中部或中下部，单生或叠生，呈圆柱形，顶部稍细，似桑椹，经膨大伸长后形成雄花序。

④潜伏芽（又称休眠芽）：潜伏芽从其发育性质看，属于叶芽的一种，只是它在正常情况下不萌芽，随着枝条加粗生长埋伏于皮下，寿命可达数百年。这种芽多着生在枝条的基部或中部，基部的多为单生，中部的为复生，位于雄花芽或营养芽的下方，一般结果枝和营养枝上有潜伏芽2~5个，徒长枝上较多，可达6个以上。潜伏芽呈扁圆形，瘦小，其生活力可保持数十年，当枝干的上部遭到刺激时，可萌发成枝，有利更新复壮树势。

（2）芽的发育 因各地物候期的不同而有差异，现将混合芽和雄花芽的发育过程简述如下。

①混合芽：4月下旬随新梢的生长，在叶腋间开始形成小芽体，并逐渐膨大，6月上中旬新芽形成，呈绿色，秋季落叶后，进入休眠期。翌年4月上旬，当日平均气温稳定在8℃以上时，开始萌动膨大，外层2对硬鳞片开裂随后脱落，开始露也佛手状复叶原始体，4月中下旬新梢生长，4月底5月初新梢顶端出现雌花序。早实核桃的芽具有早熟性，1年可开2次花，结两次果，甚至可开3次花，但不能坐果。二次枝有时在下部形成多花多果，上部形成二次雄花，散粉后脱落。

②雄花芽：雄花芽5月中旬开始出现，圆形，很小，鳞片不明显，下旬逐渐伸长膨大，呈圆柱形，长达6.0~7.0毫米，粗4.0毫米左右，呈明显的鳞片状，绿色。10月底落叶后，变成绿褐色或暗褐色，进入休眠期。翌年4月中下旬，日平均气温稳定

在 8.5℃以上时，开始萌动膨大，从基部开始向上由暗褐色变成绿色，以后继续伸长为雄花序（图 3 - 1）。

图 3 - 1　核桃芽的种类

1. 顶生叶芽；2. 顶生雌花芽（混合芽）；3. 由雌花枝顶端形成的假顶芽，两芽之间的痕迹为雌花序脱落处；4. 叶芽、花芽；5. 叶芽、雄花芽；6. 雄花芽、雌花芽；7. 侧生叶芽；8. 单生雄花芽

3. 枝

（1）枝条的种类　核桃的一年生枝条分为结果枝和营养枝两类。

①结果枝：混合芽萌发后，形成开花结实的枝条称为结果枝。晚实核桃的结果枝多着生在树冠外围的顶梢上，内部较少。结果枝的数量与长短，常因品种、树龄、立地条件、栽培措施的差异而有所不同（图 3 - 2）。

②营养枝：凡是只发叶不开花结果的枝条叫做营养枝。主要枝型有以下 5 种。

发育枝：由上年枝条上的叶芽发育而成。这种枝条是扩大树冠增加营养面积和形成结果枝的基础。

中间枝：这种枝条介于叶芽与混合芽之间，一般多着生在树冠内部，在光照不足，树势衰弱的情况下，每年展叶后不到一周就停长了，枝条很短，一旦树势由弱变强，即可转化为混合芽而开花结果。

徒长枝：由潜伏芽抽生，往往是因为受到某种刺激而萌发。有时因为局部产量失去平衡，也能导致中长枝转为徒长枝。徒长

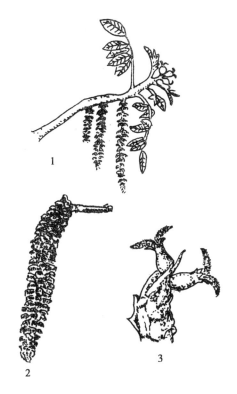

图3-2　核桃结果枝、雄花和雌花

1. 结果支；2. 雄花；3. 雌花

枝一般着生在内膛，数量过多，易消耗养分，如控制得当，可形成结果枝组。老树上的徒长枝可更新树冠，延长结果寿命。

（2）枝干的结构　见图3-3。

4. 叶

叶子是核桃的主要营养器官之一，它具有进行光合作用、呼吸作用和蒸腾作用的功能。核桃的叶片为奇数羽状复叶，枝条上生复叶数量的多少与树龄大小、枝条类型有关。正常的一年生幼

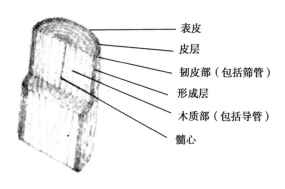

表皮

皮层

韧皮部（包括筛管）

形成层

木质部（包括导管）

髓心

图 3-3　枝干的结构

苗有 16~22 个复叶，二年生以后有所减少，到结果初期以前，营养枝为 8~15 个，结果枝为 5~12 个，结果盛期以后，由于结果枝大量增加，复叶数一般为 5~6 个，内膛细弱枝只有 2~3 个，复叶数的多少对枝条和果实的发育关系很大，着生 2 个核桃的结果枝，要有 5~6 个以上的正常复叶，才能保证枝条和果实的发育以及连续结果。复叶数在 4 个以下，特别是只有 1~2 个复叶的结果枝，只能着生 2 个核桃，甚至形不成混合芽，结 1 个果发育也不良；结 2 个以上时，情况较为严重，果实采收后，枝条逐渐干枯。此外，徒长枝和背下枝复叶数量比较多，一般在 18 个以上，最多可达 28 个，因此背后枝的生长势较强。

5. 花

（1）花器　核桃为雌雄同株异花、异序（偶尔有同序、同花），为单性花。

①雄花：着生于二年生枝的中部和中下部，花序平均长度为 10 厘米左右，最长可达 30 厘米以上。每花序有雄花 100~180 朵，其长度不与雄花数成正比，而与花朵大小成正比。基部雄花最大，雄蕊也多，愈向先端愈小，雄蕊也渐少。每雄花有基部联合的萼片 6 裂，雄蕊 12~35 枚，花丝极短，花药黄色，长约

（844±84）微米，宽约（549±41）微米。有两室，每室有花数约900粒，一个花序约可产花粉180万粒，有生活力的花粉占25%左右，当温度超过25℃时，会导致花粉败育。

②雌花：为总状花序着生在结果枝顶部。着生方式有单生，花序上只有一朵花；2~3朵小花簇生；4~6朵小花簇生；子房内有一直立胚珠，两层珠被，内珠被退化，子房上部有一个二裂羽状柱头，表现凹凸不平，湿度很高，有利于花粉发芽。子房下位，二心皮，一心室，核壳由子房外、中、内壁形成（图3-4）。

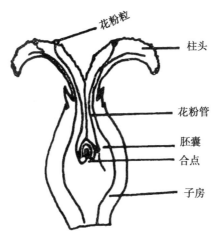

图3-4　雌花结构

（2）开花　核桃是雌雄同株异花，开放时间不一致。即使在同一株树上雌雄花期也常不一致，这种现象称为"雌雄异熟"。据调查可分为3种类型，即"雌先型"、"雄先型"和"同期型"。我国现有结果大树多为实生繁殖，因此，花期很不一致，栽植时应当考虑配置授粉树。根据河北省井陉县1982~1983年调查，3种类型树的自然坐果率有很大差别（表3-1）。

表3-1 不同开花类型与坐果的关系

开花类型	调查株数	雌花数	坐果数	花朵坐果%
同期型	2	69	56	91.16
雌先型	4	171	108	63.16
雄先型	5	196	91	46.13

①雌花开放特点：春季混合芽萌发后抽生结果枝，在结果枝的顶端雌花开始显露，这时为始花期。当柱头呈倒八字形张开时，柱头正面突起，分泌物增多，此时为开花盛期，接受花粉能力最强，为授粉最佳时期。此后，柱头表现分泌物开始干涸，逐渐反转，授粉效果较差，称为雌花末期。以后，柱头枯萎变褐，失去授粉能力。

②雄花开放特点：春季雄花芽膨大伸长，由褐变绿，经12~15天，花序达到一定长度，基部小花开始分离，萼片开裂，显出花粉，在自然条件下花粉寿命很短，2~3天，其发芽率也很低，放在雌蕊柱头上4小时后，发芽率仅为5%~8%。散粉期如遇低温、阴雨、大风，将对散粉和受精产生不良影响。

（3）授粉与受精　核桃由于雌雄同株，异花异熟，故为异花授粉，风媒传粉。花粉传播距离的远近与地势风向关系很大。一般情况下，核桃花粉传播的距离，最大临界为500米左右，授粉树在300米以外，授粉就比较困难，需要人工辅助授粉。有效授粉范围约50米。

核桃雌花柱头表面可产生大量分泌物，为花粉萌发提供了必需的营养基质。据观察，授粉后4小时左右，可在柱头上萌发出花粉管，进入柱头，16小时后即可进入子房组织，36小时后达到胚囊附近。授粉后3天左右可完成双受精过程。

此外，核桃具有孤雌生殖的现象。据山西省林业科学研究所1985~1987年在汾阳县核桃良种园的调查，晋龙1号、晋龙2

号品种雄花开放半月后雌花盛开，雄花序早已枯干，周围 300 米内没有成龄核桃树，而坐果累累，这说明该品种具有较强的孤雌生殖能力；陕西省扶风县的当年无雄花核桃幼树能结果；河南省济源县 1978 年在愚公林场观察到，有的品种能孤雌生殖。这说明核桃不经授粉受精，也能结出有生殖能力的种子。采用具有孤雌生殖能力的品种建园，将对核桃生产产生重要影响。

6. 果实

（1）果实的类型　我国核桃果实的类型很多，主要表现在果实的大小、形状、表面特征、果柄长短等方面有不同程度的差异。

果实的大小，三径平均一般为 4.0～5.0 厘米，最大可达 6.0 厘米，最小的不到 3.0 厘米。果实的大小常因品种、栽培条件、结果多少，果实着生部位不同而有变化。例如，西林 2 号、西林 3 号、晋龙 1 号等就较大，中林 5 号、丰辉就较小。同一品种，栽培条件好，果实就大。同一单株，结果少就个儿大，反之则小。一般大果品种坐果率比小果品种低，而且单果比例较大。

果实的形状多种多样，新疆核桃大多为长圆形或椭圆形，华北、西北地区所产的核桃多为圆形或卵圆形。

果实的表面特征主要区别于有无茸毛、果点的大小和稀密程度等。如扎 343 品种茸毛较少、果点稀疏，看起来光亮，而晋龙 1 号，晋龙 2 号则茸毛较多，果点多而密。

果柄的长短也不一致，多数为 2～5 厘米，最长达 12 厘米，最短只有 0.5 厘米。果柄的长短与抗风强弱有关，一般果柄短的比果柄长的抗风。

（2）果实的发育　核桃果实的发育是从雌花柱头枯萎开始以外果皮变黄开裂、果实成熟为止，称为果实为止，称为果实发育期，此期的长短，与外界生态条件密切相关，北方核桃果实发育期需 110～130 天，南方约需 170 天。据研究，核桃果实发育当中有两个速长期和一个缓慢生长期,果实生长动态呈双"S"形曲线。大体可分为以下3个时期。

①果实速长期:一般在花后6周,是果实生长最快的时期(图3-5),其生长量约占全年总生长量的85%,日平均绝对生长量达1.1毫米。

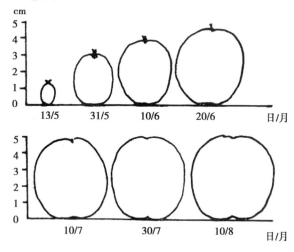

图3-5　果实发育进程

②果壳硬化期:也称硬核期,核壳从基部逐渐向顶部形成硬壳,种仁由浆状物变成嫩白核仁,此时果实大小基本定型。

③种仁充实期,也称油化期,自硬核到果实成熟期,果实各部分已达该品种应有大小,淀粉、糖、脂肪含量成分变化见表3-2。成熟的种仁、核仁呈大脑状,表层有黄白色的种皮,上面有黄褐色的脉络。

表3－2　核桃果实发育过程中成分变化（马克西莫夫）

日期	脂肪（%）	葡萄糖（%）	蔗糖（%）	淀粉和糊精（%）
7月6日	3	7.6	0	21.8
8月10日	16	2..4	0.5	14.5
8月15日	42	0	0.6	3.2
9月10日	59	0	0.8	2.6
10月4日	62	0	1.6	2.6

近年来各核桃产区出现采收过早的现象，这对核仁品质有很大影响。河北农业大学在保定测定结果表明：6月上旬核果中仅积累少量脂肪（4%～10%）。随着果实的发育，脂肪含量不断上升，7月上旬脂肪含量达20%～35%，8月上旬到45%～59%，9月上旬达50%～68%，这说明核果脂肪含量主要在后期形成和积累。

核桃果实在速长期中，落果现象比较普遍，称为"生理落果"。据陕西省和辽宁省的观察，核桃自然落果率为30%～50%，河北农业大学试验认为，各单株类型变化多，落果情况差别悬殊，多者达60%，少者不足10%，这与年份、植株生长状况、授粉条件等有密切关系。据调查一年中有3次落果（表3－3）。

表3－3　不同时期落果率及果实大小（河北农业大学数据）

落果期	落果（%）	落果果实大小（厘米）		备注
		纵径	横径	
5月3日～8日	28.2	1～1.3	0.8～1.0	落果百分率是指调查植株落果平均数。
5月8日～24日	65.9	1.3～2.8	1.0～2.3	
5月24日～6月6日	5.9	2.8～4.0	2.3～2.7	

在自然授粉条件下，早实核桃的落果率高于晚实核桃。在早实核桃的不同品种之间，也有差异，有的达80%，有的只有10%～20%。

二、个体发育特性

核桃同其他多年生木本植物一样，在它的整个生命活动中，从种子萌发开始，直到植株的全部死亡为止称为个体发育过程，嫁接繁殖的营养系个体则是母株个体发育过程的延续。这一过程的每一个阶段，都表现出其固有的形态特征和生理特点，既包括各器官的形成和增长，又包括准备产生新器官的一系列生理变化。各个阶段之间都存在着内在的联系。现根据核桃树的生长发育特点，分为以下4个阶段简述。

(一) 幼龄期

这一阶段是从种子萌发到第一次开花结果之前。此阶段早实核桃只有1～2年，晚实核桃为8～10年。其特点是营养生长旺盛，在树体发育上表现为主干的加长生长迅速，骨干枝的离心生长较弱，生殖生长尚未开始。早实核桃树高为0.5～1.0米，生长旺盛的发育枝只有1～2个，但中短枝形成较早；晚实核桃树高为3.0米左右，新梢可达100条以下，其中，短枝比例较少。晚实核桃嫁接苗比实生苗树冠较小，分枝较多。

(二) 结果初期

核桃从第一次开花结果到结果盛期开始为结果初期。这一阶段早实核桃为6～8年，晚实核桃为10～15年。其特点是营养生长开始减慢，生殖生长迅速增强。晚实核桃母枝平均分枝1.2个左右，早实核桃母枝平均分枝1~3个。结果量每年递增0.5~2.0倍。此时晚实核桃的树冠直径可达5~6米，早实核桃仅为3~4米。早实核桃品种株产量在5~8千克，晚实核桃品种产量5~10千克。早实核桃在这一阶段抽生二次枝的能力较强，特别是开始结果的2~3年内表现最为显著。

（三）结果盛期

这一阶段从核桃进入结果盛期到开始衰老之前。延续时间的长短，同立地条件和栽培管理水平关系极大。通常情况下为50~100年左右，晚实核桃较长，早实核桃较短。其特点是营养生长和生殖生长相对平衡。在树体发育上树冠和树高达到最大，枝条开始出现更新现象。这一阶段是核桃一生结果最多的时期，而且比较稳定。短结果母枝比例约占55%，中长结果母枝次之，约占35%，长结果母枝最低，占5%~8%。同一母枝上多数品种顶花芽及其以下1~3个腋花芽结果最好。核桃结果枝在盛果期着花雌花多少，即产量高低，因品种而异，一般品种1序1花的约占14%，1序2花的约占73%，1序3花的约占13%，穗状核桃、串子核桃1花序有几十朵花。开花坐果多的品种丰产性强，盛果期核桃的结果分布范围多集中在树冠外围，据对60年生大树的调查，树冠外围果约占70%，中部约占26%，内膛约占4%。核桃经营者应重视此期的科学管理，延长结果盛期，以获得较高的经济收益。

（四）衰老期

这一阶段是从植株开始进入衰老到全部死亡为止。此阶段延续时间很长，多在50~100年以上，其特点是生活机能减弱，营养生长的更替现象非常明显，结果能力逐渐减退，大小年现象突出，较大枝条开始枯死，出现更新现象。

上述分 4 个阶段简述了核桃一生的生长发育特点，各个阶段之间是有机地联系在一起的，是发展变化的。核桃个体发育的动力，同其他植物一样，是内部的各种矛盾对立统一的综合生理过程，外部条件的变化必然引起内部生理过程的变化，所以说个体发育的特点、变化速度、延续的时间都不是绝对的，往往由于植株生长的立地条件和栽培技术的好坏而有所变化。为了获得高额而稳定的产量，必须根据核桃个体发育的特点，采取合理的栽培技术措施，以促使结果盛期提前到来和推迟结束。

三、环境因子

核桃在我国的分布范围十分广泛，东起辽宁大连，西至新疆喀什，南从海南岛，北到呼市都有栽植。但主要分布在暖温带和北亚热带。核桃的适应性较强，对环境条件的要求不甚严格。其生存的主要生态条件为：年平均气温从 2℃ （西藏拉孜）到 22.1℃ （广西百色）；极端最低气温从 -40℃ （新疆伊宁）到 5.4℃ （四川绵阳）；极端最高气温从 27.5℃ （西藏日喀则）到 47.8℃ （新疆吐鲁番）。年降水量从 12.6 毫米 （吐鲁番靠灌溉）到 1 518.8 毫米 （湖北恩施）；无霜期从 90 天 （拉孜）到 300 天（江苏中部）。然而，核桃对适生条件的要求却比较严格，超出适生范围，虽能生存，但生长结实不良，不能形成产量，没有栽培意义。影响核桃的自然因子如下。

（一）海拔

华北地区，核桃多栽培在海拔 1 000 米以下的地方；秦岭以南，核桃多生长在海拔 500~1 500 米；陕西省洛南地区，核桃在

海拔 700 ~ 1 000 米处生长良好；云南、贵州地区，核桃在海拔
1 500 ~ 2 000 米生长良好，其中云南省漾濞地区，以海拔
1 720 ~ 2 100 米为泡核桃的适生区。而辽宁西南部，核桃则适于
在海拔 500 米以下的地方生长，高于 500 米，由于冬季寒冷，表
现出生长不正常。

（二）温度

核桃在温带和暖温带以结果生殖生长为主，年平均温度为
9 ~ 16℃，极端最低温度为 - 25℃，极端最高温度为 35 ~ 38℃，
有霜期在 150 天以下（表 3 - 4）。在温度超过 38 ~ 40℃时，果实
易受日灼伤害，核仁难以发育，常形成空苞。泡核桃只适应于亚
热带气候条件，耐湿热，不耐干冷。对温度的要求是：年平均气
温为 12.7 ~ 16.9℃，最冷月平均气温为 4 ~ 10℃，极端最低温度
为了 5.8℃，过低难以越冬。

表 3 - 4　各主要核桃产区的气候条件

地区	年平均气温	极端最低气温	极端最高气温	年降水量（毫米）	年日照量（小时）
新疆库车	8.8	- 27.4	41.9	68.4	2 999.8
陕西咸阳	11.1	- 18.0	37.1	799.4	2 052.0
山西汾阳	10.6	- 26.2	38.4	503.0	2 721.7
河北昌黎	11.4	- 24.6	40.0	650.4	2 905.3
辽宁大连	10.3	- 19.9	36.1	595.8	2 774.4
云南漾濞	16.0	- 2.8	33.8	1 125.8	2 212.0

＊引自陕西省果树研究所主编《核桃》一书（中国林业出版社出版，1980）

（三）光照

核桃属于喜光树种。在年生长期内，日照时数与强度，对核

桃生长、花芽分化及开花结实，有重要的影响。特别是雌花开放期，若光照条件良好，则坐果率明显提高。如遇阴雨、低温，则易造成大量落花落果。例如，新疆早实型核桃产区阿克苏和库车地区，因光照充足，年日照量均在 2 700 小时以上，因而核桃产量高，品质好。同样，凡核桃园边缘植株均表现生长良好，结果多。同一植株，也是外围枝条比内膛枝条结果多，品质好。这些均为光照条件好所致。

（四）土壤

核桃为深根性树种，根系需要有深厚的土层（1.5～2 米），以保证其良好的生长发育。土层过薄，进入盛果期后产量低而不稳。核桃对土壤质地的要求是，结构疏松，保水透气性好，故适于在沙壤土和壤土上种植。黏重板结的土壤或过于瘠薄的沙地上，均不利于核桃的生长和结实。核桃对土壤酸碱度的适应范围是 pH6.2～8.2，最适范围是量在 0.25% 以上，稍微超过即对生长结实有影响。含盐量过高则导致死亡。氯酸盐比硫酸盐危害更大。核桃喜肥。增施农家肥和压绿肥，有利于核桃的生长和结果。

（五）水分

核桃的不同种群和品种，对降水量的适应能力有很大差异。如山西核桃分布区的年降水量为 450～550 毫米时，核桃生长良好，干旱年份则产量下降。而新疆早实核桃虽然年降雨量仅60～70 毫米，仅有雪山融水的引灌，亩产核桃也可达到 450 千克以上。土壤干旱，阻碍根系吸收和地上部蒸腾，干扰正常新陈代谢过程，造成落花落果，乃至叶片凋萎脱落。土壤水分过多或长期积水，造成通气不良，使根系呼吸受阻，严重时窒息、腐烂，从而影响地上部的生长和发育。秋雨频繁、常引起果实青皮早裂，坚果变褐。因此，山地核桃园需设置水土保持工程，以涵养水分；平地、洼地则应解决排水问题。核桃园的地下水位应在地表2米以下。

（六）坡向

核桃适于生长在背风向阳处，梁峁招风的地方长势不旺，山坡基部土层深厚，水分状况良好，因而比山坡中部和上部生长结果好。山西省汾阳市核桃试验站调查表明，同龄植株，立地条件一致而栽植坡向不同，生长结果有明显的差异，表现在阳坡树的新梢生长量、结果数量等，明显高于半阳坡和阴坡树。

（七）坡度

坡度大小主要通过影响土壤冲刷程度，而影响核桃生长。坡度越大，径流量越大，流速越快，水肥冲蚀量也越大。一般来说，坡长与径流量呈反相关，与冲蚀量呈正相关。因此，核桃适于定植在10°以下的缓坡地带。坡度再大时，应修筑水保工程（彩图3-1，见书后彩页）。

第四章　良种苗木繁育

选用良种，培育壮苗，是核桃优质高产的基础。嫁接是目前最有效的无性繁殖方法之一，它可保证品种的优良特性稳定传递，是优质丰产的首要条件。世界上核桃生产先进的国家均采用嫁接繁殖育苗。我国过去大树和新栽幼树绝大多数仍为实生繁殖，只有极少部分为嫁接苗或高接改优树。汾阳市在发展核桃良种嫁接苗木方面积累了许多成功的经验，年出圃株数从1982年的2 000株，1992年20万株，2002年的200万株，发展到2012年的3 500万株。

一、砧木种类

（一）普通核桃

即共砧，一般用夹核桃、小核桃等。共砧的嫁接亲和力强，接口易愈合，我国北方地区普遍采用。

（二）核桃楸

又称楸树、山核桃等。主要分布在我国东北和华北各省。此砧抗寒耐旱，生长旺，适应性强。核桃楸幼苗不抽条，但嫁接成活率和保存率都不如共砧高。

（三）野核桃和麻核桃

利用野生资源高接，用作培育砧木苗的少。

二、砧木苗的培育

（一）种子的采集与贮存

作砧木用种子应从生长健壮、无病虫害、种仁饱满的树上采集。衰老树和立地条件差的核桃树上的种子不饱满，发芽率低，成苗弱。脱去青皮的种子要薄摊在通风干燥处晾晒，不宜在水泥地面、石板、铁板上暴晒，因地表温度超过43℃时烧死胚芽。秋播的种子不需长时间贮藏，晾晒也不需干透。而春播的种子必须充分干燥（含水量低于8%）后贮存于低温、通风干燥处，或者用湿沙层积贮藏。

（二）苗圃地准备

苗圃地应在前一年秋冬深翻、旋耕。播前应施入足够的有机肥。根据地力肥薄每亩施入2 000~5 000千克厩肥，过磷酸钙50千克，所用基肥最好结合秋耕施入。另外，每亩施入10千克黑矾用于土壤消毒。预防地下害虫可用辛硫磷颗粒剂拌成毒土在整地时翻入土中。

为了便于管理，播前需平地做畦，畦宽1~2米，长8~15米。

（三）种子处理

秋季播种可不经处理直接下种。春季播种时必须经过处理，才能发芽。常用方法如下。

1. 沙藏

在冬初进行。沙子的湿度以手握成团而不滴水，松手后分成几块，但不散开为宜。室内堆藏选择阴凉通风的房间或地下室，用砖堆砌成槽。先在地面上铺一层10厘米厚的湿沙，然后种子与湿沙混合堆放，体积比例为1∶（3~5）（种子∶沙），厚度50~70厘米，每隔1米，竖一通气草把。

露天坑藏是在土壤结冻前，选择地势高燥、排水良好的阴凉地，挖深80厘米，宽60~100厘米的沙藏沟，长度依种子的多少而定。先在底铺10~20厘米厚的湿沙，在湿沙上放一层种子，再盖一层5~7厘米厚的湿沙，依次一直填至离地面20厘米时为止，最后用湿沙将坑填平。每隔1米从坑底到坑顶竖草把一束。

贮藏期间应保持沙子的湿度，定期翻倒检查。第二年春季土壤解冻后及早播种。

2. 石灰水浸种

每年春季播种前，将选好的核桃种子装入塑料编织带内，整带摆放在池中，然后用重物压在上面以防浮起，再用0.5%的生石灰水注入池内。浸泡7~8天，捞出后在太阳下曝晒几个小时，种子有1/3的裂口时即可播种。现生产上普遍采用此方法（彩图4-1，见书后彩页）。

3. 温水浸种

将种子放入缸中，倒入80℃的热水，随即用木棍搅拌，待水温下降至常温后让其浸泡，以后每天换冷水一次，浸种8~10天，部分开始裂口，即可捞出播种。这种方法多数是在种子量少，赶时间时采用。

（四）铺膜播种

秋播在核桃采收后到土壤封冻前进行。播前无需处理，手续简便，且春季出苗早而整齐。但在冬季过分寒冷干燥和有鼠兽为害的地区不宜采用。

春季铺膜播种在华北地区一般在 3 月下旬 4 月上中旬进行，播前 3 ~ 4 天先浇透水。用旋耕机将土地翻平，用 80 厘米至 1 米宽幅的地膜，铺在地面，播种时，顺着地膜两边，每隔 12 厘米种一粒种子，最后用土盖实地膜上的播种口。种子摆放以种子的缝合线直立，种角平放。深度一般为种子的 3 倍，种子上覆土 5 ~ 10 厘米。

缺水干旱地区播种时，开沟后顺沟浇灌水，等水渗后再点种覆土，覆土厚度 12 ~ 15 厘米。覆土后要仔细耙平，利于保墒和幼苗出土。

（五）播后管理

核桃播种时覆土较厚，靠播种时良好墒情可以维持到发芽出苗，一般不需浇蒙头水。但在苗尖出土时需用铁爪迎苗出土，不要让苗钻到地膜下面。

苗木出齐后，为了加速生长，要及时灌水、中耕除草，5 ~ 6 月是苗木生长的关键时期，北方一般需灌水 2 ~ 3 次，追施氮肥 2 次。幼苗生长期间还可进行根外追肥。用 0.5% 的尿素或磷酸二氢钾喷布叶面。晚秋应防治浮尘子产卵危害。上冻前灌冻水；寒冷地区要培土防寒（彩图 4 - 2，见书后彩页）。

三、采穗圃的建立

建立采穗圃要选择气候温暖、土壤肥沃、有灌溉条件、交通便利的地方，并尽可能建在苗圃地附近。

采穗圃以生产大量品种纯正、无病虫害的优质接穗为目的。定植前圃地必须细致整地，施足基肥。所用品种必须来源可靠，如果用几个品种建圃时，应按设计图准确排列，栽后绘制定植图。采穗圃的株行距可稍小，一般株距 1.5~2 米，行距 4~5米。树形采用开心形、圆头形或自然形，树高控制在 4.5 米以内。

四、接穗的采集与贮藏

枝接接穗的采集时间从核桃落叶后到芽萌动前都可进行，但因各地区气候条件差异，具体采集时间有所不同。北方核桃抽条现象严重（特别是幼树）地区，以秋末冬初（11~12 月）采集为宜。有的地区冬季或早春枝条易受冻害，也宜在秋末冬初采。冬春抽条和冻害轻微地区或采穗母树为成龄树时，可在春季芽萌动之前 1 月左右采。接穗采下后及时蜡封剪口，并把母树剪口用漆封严。核桃接穗贮存的最适温度是 0~5℃，最高不超过 8℃，可放在地窖、窑洞、冷库等地方，要保湿防霉。

芽接所用接穗，由于当时气温高，保湿非常重要。采下接穗后要剪掉叶片，用湿麻带包好，置于潮湿阴凉处，嫁接时把接穗放在纸盒内或编织带上。

五、嫁接

核桃嫁接是迄今为止核桃科研中较为活跃的一个领域。总的来看，嫁接繁殖技术基本得到解决。大树高接、室内枝接和大田芽接，成活率可达 95% 以上。

1. 双舌接

室内枝接早在 20 年前，它曾是繁育核桃良种苗木的主要方法：砧木用 1~2 年生实生苗。基部粗度 1~2 厘米，起苗后于根颈以上 10~15 厘米平滑顺直处剪断，根系稍加修剪，剪去劈裂和冗长的根。选用与砧木粗细相当的接穗剪成 12~15 厘米长的小段，上端保留 2 个饱满芽。砧木和接穗各削成 5~8 厘米长的大斜面，在斜面上部 1~3 处用嫁接刀开一接口，深 2~3 厘米，接舌要适当薄些，否则接合不平。砧木和接穗削好后立即插合，形成层要对齐。砧穗粗度不一致时，要求对齐一边，然后捆紧绑牢，在 90℃的蜡液里速蘸接口以上部分以防失水。蜡液的比例为：蜂蜡∶凡士林∶猪油 = 6∶1∶1，为了控制蜡温，要在蜡桶底部放 5 厘米深的水。绑扎材料可用打包尼龙绳或厚塑料条（图 4-1）。

温床愈合：北京门头沟核桃试验站采用此法繁育核桃良种苗。温床设在玻璃温室中，深 50 厘米，底铺电热丝，上铺一层塑料布，再放 5~10 厘米厚的湿锯末。

双舌接也可用于苗圃坐地苗嫁接。嫁接时采用断根或用刀进行刀割放水来控制伤流，绑扎后用接蜡封严接口，接穗要提前蜡封。

2. 方块芽接

方块芽接是一种应用广泛的嫁接方法，它工效高，既利于枝接后补接，也适于大量繁殖。

芽接在 6~7 月进行，接穗选择树冠处围中上部发育充实的当年生枝条，一般基段芽成活最高，中段次之，梢部最低。核桃通常采用方块芽接。方块芽接需一把锋利的接刀，在砧木基部距地面 3~5 厘米处，选一光滑面，用刀切长 2.5~3 厘米，用刀撬离（彩图 4-3，见书后彩页）。然后在接穗上用刀切取同样大小的芽块，芽片从接穗上剥离时，要侧向推离，若直接往上提离时，生长点大部分留在木质部上，影响成活。揭开砧木上的皮块，将接芽迅速从侧面嵌入，再根据接牙宽度撕去砧皮，将接芽

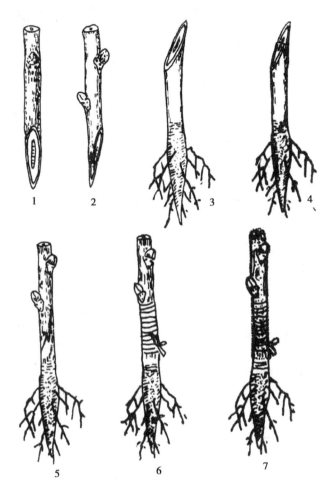

图4-1 室内双舌接

1、2. 削接穗；3、4. 削砧木；5. 接合；6. 绑缚；7. 蘸蜡

按平，用塑料薄膜绑好。芽接后10～15天松绑（图4-2）。

方块芽接注意以下3个要领。

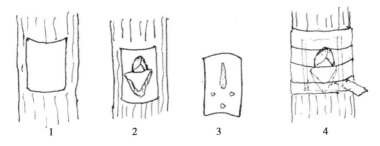

图4－2　方块芽接

1. 切口处；2. 取芽片；3. 生长点；4. 轻包扎

一是：季节，每年的5月中旬到6月中旬为最好，成活率可高达98%以上。

二是：留缝，方块芽接时，接芽与砧木是上下要齐，两边留缝，缝宽可放入米粒或黄豆宽。

三是：缚膜，接芽上只能缚一层或露芽，不能多缚，不然会将嫩芽勒死。

夏季芽接与其他嫁接方法比成活率最高，成本最低，优质苗比例较高，生产中98%都是采用方块芽接。嫩芽接在高接换优嫩枝芽接上，操作简单，普遍采用这种方法（表4－1）。

表4－1　核桃苗繁育成本　　　　单位：元

嫁接方法	实生苗价	芽子（接穗）价格	嫁接费用	管理费用	起苗费用	成活率	每株成本价
枝接	0.4	0.6	0.6	0.2	0.35	85%	2.56
芽接	0.3	0.5	0.3	0.2	0.35	94%	1.75
嵌芽接	0.3	0.5	0.3	0.2	0.35	61%	2.70
闷芽接	0.3	0.5	0.3	0.2	0.35	65%	2.54
嫩芽接	0.5	0.5	0.6	0.2	0.35	88%	2.44

注：山西省汾阳市强龙核桃产业中心2011年。

六、苗木贮藏与运输

(一)出圃分级

我国北方核桃幼苗,圃内越冬"抽条"现象严重,因此宜秋季落叶后出圃假植。留床苗要采取防止抽条的措施。

核桃是深根性树种,起苗时根系容易损伤,且受伤后愈合能力差。为了起好苗,应在起苗前一周灌一次透水。

建园用的嫁接苗要求接合牢固,愈合良好,接口上下的苗茎粗度相近,苗茎要顺直,充分木质化,无抽梢、机械损伤等。嫁接苗的质量等级如表4-2所示;作砧木用的实生苗要根系完整生长健壮,无抽梢、病虫害,用于室内嫁接的砧木除以上条件外,根颈以上15厘米内要通直,直径达1~2厘米。

表4-2　嫁接苗的质量等级(GB 7907—87)

级别	1级	2级
苗高(厘米)	>60	30~60
基径(厘米)	>1.2	1.0~1.2
主根保留长度(厘米)	>20	15~20
侧根条数	>15	

(二)苗木包装运输

根据苗木运输要求,嫁接苗每25~50株打成一捆,不同品种苗木要按品种分别包装打捆,然后装入湿草袋内,挂明标签。苗木外运在晚秋和早春气温较低时进行,长途运输时加蓬布,途中及时喷水,防止苗木干燥、发热。到达运送地后马上将捆打开进行假植。

（三）苗木假植

起苗后不能立即外运或栽植时，都必须进行假植。根据假植时间长短分为临时假植和越冬假植。临时假植一般不超过 10 天，只要用湿土埋严根即可，干燥时洒水。越冬假植时间长，必须按操作规程细致进行。可选择地势高燥、排水良好，交通方便、不易为人畜危害的地方挖假植沟。沟的方向与主风向垂直。沟深0.5 米，宽和长依苗木数量而定。假植时，苗木开捆后斜放成排呈 30°~45°角，埋土露梢，然后依次排放。如果数量大时，也可整捆沾泥浆埋苗。土壤封冻前将苗顶全部埋土，春天转暖以后及时翻动，以防霉烂。

第五章　新建核桃园选地与栽植

我国过去核桃大树大多栽植在田边、地堰或利用四旁隙地零星栽植，集中成片的核桃园不多，现在全国各核桃产区市县大力发展新植面积，仅山西省每年就发展110万亩，大面积栽植更应注意建园中的各种因素。

一、核桃对环境条件的要求

（一）温度

核桃的天然产地大都是较温暖的地带，现在大量栽培区域主要在北纬30°～40°，所以，一般认为核桃是喜温果树。适宜生长的温度范围及无霜期是：年平均温度9～16℃，极端最低温度−25℃，极端最高温度38℃以下，无霜期180天以上。核桃幼树在−20℃时即受冻，大树虽能耐−30℃低温，但在−20℃时即受冻，大树虽然耐−30℃低温，但在−28℃～−20℃时即有部分花芽和叶芽受冻，在−29℃时一年生枝受冻。7月份平均温度不宜低于20℃，温度超过38～40℃，果实易灼伤，核仁不能发育或变黑。春季展叶后，如温度降到−2～4℃，新梢即被冻死，花期和幼果期温度降到−2～−1℃时，即受冻减产。

从核桃的垂直分布看，山西海拔在700～1 100米的地方生长结果良好，1 200～1 400米尚能生长，但易发生抽梢及冻花（果）现象。

（二）水分

核桃对空气湿度的适应性强，能耐干燥的空气，但对土壤水分则较敏感，过旱、过湿均不利于核桃的生长结果。幼苗期水分不足时，生长停止。结果期在过旱条件下，树势生长弱，落果严重和早期落叶。晴朗而干燥的气候能促进开花结实，如新疆核桃的早实丰产特性正是长期在这样的条件下生长发育而形成的遗传性。

（三）光照

核桃为喜光树种，尤其是进入结果期的树更需要充足的光照。新疆核桃产区和陕西、山西核桃产区日照长，产量高，品质好。一般成片栽培的核桃园边缘植株生长好，结果多。同一植株也是外围枝条比内膛结果多。因此，在采用树形、主侧枝的配置和栽植密度方面都应考虑光照问题。

（四）土壤

核桃对土壤的适应性强，无论是丘陵、山地、平地，只要土层较厚，排水良好的地方都能生长。在土壤疏松、排水良好的山沟低谷和河边冲积地则更好。在土层浅（<1米）、地下水位高和土壤过于黏重（如红胶泥、白干土）地方则生长不良，且容易焦梢。

土质以含钙的微碱性土最好，腐殖质含量多，pH 值在 7.0 ~ 8.2。土壤含盐量不能超过 0.25%，氯酸盐比硫酸盐危害更大。

二、园地的选择与规划

核桃为多年生植物，根系分布广而深，寿命长。定植后在同一地点达百年以上，有的甚至达几百年以上。所以，园地选择与规划是一项十分重要的工作。

（一）园地选择

1. 地形

总的要求是背风向阳，空气流通，日照充足。除浅山丘陵、坡缓土厚的地方外，在山区应选坡度较缓、土层较厚的坡脚、地堰为宜，山沟中建园应选有冲击土的谷坊坝内或两侧。从现有分布来看，溪边、河床两岸水源充足的地方为最佳。山坡较陡，土层较薄的中上部不宜栽植核桃。对坡向的选择，理论上认为阳坡、半阳坡为最好，但在光照充足，没有灌溉的条件下，半阴坡和阴坡上的核桃树则优于阳坡和半阳坡。坡度以 25°以下为好。

2. 土壤条件

根系分布的深浅取决于土层厚度和质地。土层深厚松疏，根系分布深，根量多，相应地上部树体生长势强，结果多。反之则差。从调查看，有效土层在 1.5 米以上，地块面积大于成龄大树冠径的一倍以上，核桃表现良好。土壤结构要求保肥、保水、透气性较好。

3. 气象条件

核桃生长发育最适宜的气象因素为：年平均温度过 9 ~ 16℃，绝对最低气温 - 2 ~ 25℃，年降水量 500 ~ 700 毫米，年日照 2 000 小时，无霜期 150 ~ 240 天，空气相对湿度 40% ~ 70%。

适地适树是建园的成败关键，坚决制止核桃盲目上高山，与普通造林相提并论。

（二）规划

目前，核桃发展的重点地区多在丘陵山区，虽不像平原大型果园规划设计严格要求，但也不能忽视。否则影响到以后的管理、运输、防风等。

1. 小区划分

小区形状大小要因地形、地势而异。平地一般为长方形，南北向；山地小区长边应与等高线平行。小区面积可以因栽植面积而定，小区内不要跨过分水岭或大沟谷。

2. 山地田间工程和等高栽植

山地核桃园必须修筑梯田、蓄水池、沟谷拦水坝等水土保持工程。栽植时必须采用等高线栽植。考虑到土壤光能利用，采用三角形栽植并靠近土层较厚的梯田边缘。

3. 防护林

防护林的主要作用是防止和减少风、沙、旱、寒的危害和侵袭，达到降低风速，减少土壤蒸发和土壤侵蚀，保持水土，削弱寒流，调节温度，增加积雪等效果。主林带要与有害风向垂直，偏角不超过30°，每带3～5行，带距300～400米。副林带与主林带垂直，每带2～3行，带距500～800米；山地的防护林应设在分水岭上。林带中要注意乔灌木结合，选用的树种应适合当地环境条件，生长旺盛，冠形密集，与果树无共同或互相传染的病虫害。林带距核桃树10～15米。

另外，核桃园道路、排灌系统也要注意规划设计，而且园、林、路、水要统筹安排，紧密结合。

三、品种选择及授粉树的配置

（一）品种选择

目前，通过国家级、省级鉴定的核桃品种分早晚实两个类型，各有其特点。早实核桃品种一般结果早、丰产性强，改接后第二年均能挂果。有些品种对栽培条件要求严格，如果立地条件较差，不施肥、不修剪，改接4~5年以后就由于结果过多而累死。汾阳庄子村23年生砧高接后第五年，丰辉、香玲、辽核2号3个品种就有枯死现象。有些品种则适应性较强，在营养水分亏缺时自然落果，以维持营养生长，待树势较强时再结果。晚实品种早期丰产性较差，嫁接苗一般3~4年后也能开始挂果，但植株生长势强，根深叶茂，寿命长，效益长久，这也是当地晚实品种长期适应干旱丘陵区的结果。建议在立地条件较差，管理条件粗放的地方采用晚实品种。具有果园经营技术水平和立地条件好的地方可发展早实品种。具体每个品种的特性请参看新品种介绍一章。

（二）授粉树的配置

核桃树花期较短，大面积栽培较少考虑授粉问题。选用优良品种后，每个品种的花期固定一致，而且许多品种的雌雄花不是同时开放，因此要选择适宜的授粉品种，保证授粉受精，提高坐果率。授粉树可以按主栽品种和授粉品种隔行配置，比例按3∶1或5∶1便于分品种管理和采收。下表列出主要新品种的授粉品种，前一栏的任何一个品种可用对应后一栏的任一品种作授粉树。

表　主要核桃品种的适宜授粉品种

主栽品种				授粉品种		
晋龙1号 西扶1号	晋龙2号 香玲	晋薄2号 西林3号		京试6 鲁光	扎343 中林5号	
京试6 中林5号	鲁光 扎343	中林3号		晋丰 薄丰	薄壳香 晋薄2号	
薄壳香 温185	晋丰 薄丰	辽核1号 西洛1号	新早丰 西洛2号	温185	扎343	京试6
中林1号				辽核1号 辽核4号	中林3号	

四、栽植方式

　　根据不同的立地条件、栽培品种和管理水平栽植方式而异，一般栽植在土层深厚、肥力较高的条件下，株行距也应大些，可采用6米×8米或8米×9米，对于栽植在耕地田埂，开始以种作物为主，实行果粮间作的核桃园，栽植密度不宜硬性规定，一般株行距为6米×12米或7米×14米。山地栽植以梯田面宽度为准，一般一个台面一行，台面宽于20米的可栽2行，台面宽度小于8米时，隔台一行，株距一般为5~8米。对于早实核桃，因其结果早，树体较小，可采用3米×5米或5米×6米的株行距，当树冠郁闭光照不良时，可有计划地间伐。

五、栽植技术

（一）挖穴

　　核桃栽植前应按规定的株行距挖定植穴。若秋栽要在夏季挖穴；春栽则在秋季挖穴。一般定植穴的直径和深度不小于0.8~

1.0 米，如果土壤黏重或下层为石砾，则应加大定植穴，并采用客土、掺沙、增肥、填充草皮土或表层土等办法，以改良土壤质地，为根系生长发育创造良好条件。定植穴挖好后，将表土和有机肥、化肥混合回填。每穴施优质农家肥 20~50 千克，磷肥2~3 千克。

（二）栽植

在保墒良好地区，春栽比秋栽成活率高，且栽后不需防寒。但在干旱地区，则以秋栽为好，栽后并埋土防寒。秋栽发芽早而且生长壮。春栽在解冻之后愈早愈好，秋栽则应在封冻前进行。栽植前苗木要进行修剪根系，在清水中浸泡半天，或用生根粉液浸泡，方法见育苗部分。栽植时两人合作，一人持苗，一人填土，边填边踩实。苗木栽植深度以该苗原有入土深度为宜，过深生长不良，树势衰弱，过浅容易干旱，造成死苗。栽后打出树盘，充分灌水，待水渗后用土封严实，然后覆盖 80 厘米×80 厘米的地膜，保墒增温，促进成活。

这个时间不是在气温最低的 1 月，而在气温开始回升的 2 月。此时地上部中午解冻，枝条的蒸腾量比 1 月要大 1 倍左右，但是，土壤仍处于冻结状态，根系吸收水分困难，引起水分失调。在 3 月天旱、风大，蒸腾量就更大，枝条含水量降到 25.3% 会出现严重抽条现象。

第六章　栽培与修剪技术

近几年核桃科研有了重大突破，即提供了新品种、新技术、激发了发展核桃的积极性，核桃的管理也开始向园艺化方向发展。

一、土肥水管理

土肥水管理是核桃正常生长结果最基本的条件，也是丰产的主要管理措施，其他措施都是在此基础上得以发挥的。

（一）土壤管理

1. 深翻熟化

为了保持核桃园土壤疏松，提高土壤保水蓄肥能力，增加透气性，加深根系分布层，扩在其吸收营养范围，除了在栽植时加大定植穴外，随着树龄的增长，应年年进行深翻改土，以达根深叶茂果丰之目的。如果土壤多年不耕，则通气不良，理化性质差，根系发育受抑制，树势必然衰弱。各地经验证明，土壤耕翻是核桃栽培中必不可少的栽培措施。具体方法包括深翻熟化和刨树盘两种。平地核桃园或大面积梯田可用犁深耕，深耕时不宜伤根过多，尤其是粗度在 1 厘米以上的根。深翻时间以采收后到落叶前为宜，结合深翻可施入秸秆等有机肥。不宜耕翻的地方可采用刨树盘的办法，于春夏秋刨松土壤，这在太行山区尤为重要。

2. 保持水土

对于栽植于山地梯田或坡地的核桃树，必须修筑水土保持工程，防止水土肥流失；梯田栽植的核桃树，要培好田埂，垒上石堰，或种草来保持水土并提供绿肥；在缓坡地带，要实施等高撬壕整地，或据"因树取直、随坡修平"的原则，修成复式梯田。坡度较缓，可按树修成大型鱼鳞坑式的半圆形梯田。

3. 中耕除草

生长季节对核桃园进行多次中耕除草，可以解除地表板结，切断毛细管，减少水分蒸发，增加土壤通气，促进肥料分解。同时消除杂草可节省水分养分，减少病虫害。在雨后、浇后和干旱季节，效果更为明显。中耕除草全年一般 3～5 次，果粮间作的核桃园，可结合对间作物的管理进行，对树下杂草及时清除。

在劳力缺乏的大面积核桃园可采用除草剂除草，省工高效。除草剂可试用以下几种。

（1）扑草净　为白色结晶，商品为 50% 的可湿性粉剂。它是一种内吸传导型除草剂。节液通过杂草茎叶或根部吸收后，抑制杂草的光合作用同时，使叶片失绿而死亡。

扑草净的药性较稳定，杀草范围广泛。对物质稗草、牛毛草、三棱草、鸭舌草、灰绿藜、马唐、狗尾草等防治效果较好。同时对多年生杂草也有防除作用。核桃园用药时，在杂草发芽或刚出土不久的幼嫩杂草上药效较好。施用方法可采用撒施或喷雾。撒施在土壤耕后进行，每亩用药 150 克，喷雾可用 300～400 倍稀释液。扑草净药效作用较慢，有效期 20～70 天。

（2）敌草隆　商品为 25% 可湿性粉剂。它是一种内吸传导性除草剂，也有触杀作用。施药后，杂草根部从壤中吸收药剂，运输到茎、叶中破坏叶片的光合作用及养分制造，叶片沿叶缘、叶脉失绿发黄而枯死。气温高、光照强的时候，杂草光合作用旺盛，药剂杀草效果也好。

敌草隆除草范围很广，对一年生和多年生杂草均有除防作用。核桃用药时，可在杂草萌动时，用药剂 0.2 千克加水 40 千克喷洒地表，杀草率达 90% 以上，药效期长达 600 多天。

（3）草甘膦　杂草出现后施用，用于 3 年生以上的核桃园，能广泛地杀死 1 年生和多年生杂草，一般用于树行内杂草，用药时药液不要喷洒在树上。具体使用方法参照商品说明。

（二）施肥

为了提早结果，提高质量和品质，核桃和其他果树一样，必须坚持合理施肥。核桃的不同年龄时期需肥量不同，幼龄树需肥量较少，结果后对各种养分的需要相应增加，特别是对氮素的要求量较多。氮素不足，会出现枝梢细短，叶片变黄，花量减少，落果严重。磷、钾肥除能增产外，还能改善核仁的品质。

1. 核桃营养诊断

国外普遍采用叶片分析来诊断核桃养分的缺乏与否。采集叶样在实验室内分析它们的矿物质含量，通过与核桃树健康生长的标准含量比较就可发现分析样品是否缺素或受毒害，还可以根据植株缺素症来诊断。分析用的叶样需要短果枝或生长中等的发育枝中部的复叶上采摘顶端小叶，核桃的小叶片较大，只要在树冠四周采取 20 ~ 30 片小叶就足够作样品分析。采样时间在 7 月，因为多数元素在 7 月变化最小。表 6 - 1 列出各元素含量的临界值及适生范围。

表 6 - 1　7 月份核桃叶样的元素含量临界值

元素种类	项目	浓度
氮（N）	缺素临界值 适生范围	低于 2.1% 2.2% ~ 3.2%
磷（P）	适生范围	0.1% ~ 0.3%

（续表）

元素种类	项目	浓度
钾（K）	缺素临界值	低于0.9%
钙（Ca）	适生范围	高于1.0%
镁（Mg）	适生范围	高于0.3%
钠（Na）	受毒临界值	高于0.1%
氯（Cl）	受毒临界值	高于0.3%
锌（Zn）	缺素临界值	低于18毫克/千克
硼（B）	缺素临界值 适生范围 受毒临界值	20毫克/千克 36~200毫克/千克 高于300毫克/千克
铜（Cu）	适生范围	高于4毫克/千克
锰（Mn）	适生范围	20毫克/千克

注：核桃园经营．戴维·雷蒙斯主编；奚声珂，药晓梅译

当核桃生长在缺乏某些元素的土壤中，或者土壤中某些元素处于不能被吸收和利用状态时会表现出缺素症。常见的缺素症有以下几种。

（1）氮　氮是氨基酸、蛋白质、叶绿体和其他器官组成部分的基本元素。在不施入氮肥的核桃园均会发生缺氮症。一般缺氮植株在生长期开始时叶色较浅，叶片较小，枝条生长量减少，叶子早期变黄，提前落叶。

（2）磷　缺磷树体衰弱，叶子稀疏，小叶片比正常叶略小。叶子出现不规则的黄化和坏死部分，落叶提前。

（3）钾　缺钾树的叶子在初夏和中夏出现症状。叶子变灰白（类似缺氮），然后的小叶叶缘呈波状并内卷，叶背呈现淡灰色。一般缺钾叶子多数分布在枝条中部。叶子及枝条生长量降低，坚果变小。

（4）锌　缺锌症状在生长季开始出现，叶小而黄，卷曲，

严重者全树叶子均变黄变小且卷曲，枝条顶端枯死。

（5）锰　缺素症在初夏和中夏开始显现，具有独特的褪绿症状，在主侧脉之间从主脉处向叶缘发展，叶脉间和叶缘发生焦枯的斑点。这种叶子大部分早落。

（6）硼　缺硼时树体生长迟缓，枝条纤弱，节间变短，枯梢，小枝上出现变形叶。结果不良，很小即脱落。

（7）铁　叶子很早出现黄化，整株叶子出现黄化，顶部叶子黄化比基部叶子严重。一些严重褪绿的叶子可呈白色，发展成烧焦状，提早脱落。

2. 施肥量

适宜的施肥量应根据土壤类型、树势强弱、肥料种类性质来确定。根据多年施肥实践，参考国外资料，初步提出通用的施肥标准（表6-2）。

表6-2　核桃树施肥量标准

时期	树龄	每株树平均施肥量（有效成分，克）			有机肥（千克）
		氮	磷	钾	
幼树期	1~3	50	20	20	5
	4~6	100	40	50	5
结果初期	7~10	200	100	100	10
	11~15	400	200	200	20
盛果期	16~20	600	400	400	30
	21~30	800	600	600	40
	>30	1 200	1 000	1 000	>50

3. 肥料种类

我国常用的肥料分为两大类，即有机肥和无机肥。现将各类肥料的种类及其有效成分介绍一下，供确定施肥量时参考。

（1）有机肥料　主要有厩肥、人粪尿、畜禽粪、绿肥等。有机肥料含有多种营养元素（表 6 – 3），属于完全肥料。肥效长，而且有改良土壤，调节地温的作用。

表 6 – 3　各种有机肥料的氮、磷、钾含量

名称	氮（N）%	磷（P_2O_5）%	钾（K_2O）%	状态
人粪	1. 04	0. 36	0. 34	鲜物
人尿	0. 43	0. 06	0. 28	鲜物
人粪尿	0. 5 ~0. 8	0. 2 ~0. 4	0. 2 ~0. 3	腐熟后鲜物
猪厩肥	0. 45	0. 19	0. 6	腐熟后鲜物
马厩肥	0. 58	0. 28	0. 63	腐熟后鲜物
牛厩肥	0. 45	0. 23	0. 5	腐熟后鲜物
羊厩肥	0. 83	0. 23	0. 67	腐熟后鲜物
混合厩肥	0. 50	0. 25	0. 6	腐熟后鲜物
土粪	0. 12 ~0. 58	0. 12 ~0. 68	0. 12 ~0. 53	风干物
普通堆肥	0. 4 ~0. 5	0. 18 ~0. 20	0. 45 ~0. 7	鲜物
高温堆肥	1. 05 ~2. 0	0. 3 ~0. 8	0. 47 ~0. 53	鲜物
鸡粪	1. 63	1. 54	0. 85	鲜物
家禽粪	0. 5 ~1. 5	0. 5 ~1. 5	0. 5 ~1. 5	鲜物

（2）无机肥料　通称化肥。根据所含营养元素可分为以下 4 类。

①氮素肥料，主要有硝酸铵、碳酸氢铵、尿素等。

②磷素肥料，主要有过磷酸钙、磷矿粉等。

③钾素肥料，主要有硫酸钾、氯化钾、草木灰等。

④复合肥料，含有两种以上营养元素的肥料。主要有硝酸磷、磷酸二氢钾、果树专用复合肥等。

化肥一般养分含量较高（表 6 – 4），速效性强，施用方便。

但是，这些肥料不含有机质，长期单独使用会影响土壤结构，故应与有机肥配合使用。

4. 施肥时期

根据肥料性质及核桃的生长发育特点来确定施肥时期（表6-4）。

表6-4 几种化学肥料养分含量表

名称	养分含量（%）
碳酸氢铵	含氮17
硫酸铵	含氮20.5~21.0
硝酸铵	含氮34.0
尿素	含氮45~46
过磷酸钙	磷酸16~18
硝酸磷	含氮25~27，含磷酸11~13.5
氯化钾	含钾50~60

＊在化学肥料包装袋上都标有各种养分的含量

（1）基肥　基肥能在较长时间内供给生长发育所需的养分，一般以迟效性有机肥为主，有时也配合速效的磷肥和钾肥。为了充分发挥肥效，以早施为宜，最好在采收后至落叶前施入，最迟也应在冬季地冻以前。早施能够促进根系生长，增加越冬贮备营养水平，对来年的生长发育有利。

（2）追肥　主要追施速效性氮肥。在核桃年生长发育中的大量需肥期施入。根据核桃的需肥情况，追肥可在以下3个时期进行。

开花前：主要作用是促进开化，减少落花，有利于新梢生长。这次追肥以速效氮为主，可以追施硝酸铵、尿素、碳铵、腐熟的人粪尿等。时间在3月下旬进行。

开花后：这个阶段是三要素吸收量最多的时期，适时追肥可以补充果实发育所需要的养分，以减少落果，保证幼果迅速膨大，并促进新梢生长。用肥种类应以速效氮为主，同时增施适当磷肥。

硬核期：6月下旬核桃进入硬核期，种仁逐渐充实，混合花芽开始分化。此时追肥主要作用是供给种子发育所需要的大量养分。同时通过碳水化合物的积累，提高氮素营养水平，有利于花芽分化，并为第二年开花结果打下良好基础。施肥种类以磷钾肥为主，配以必要的氮肥。

5. 施肥方法

目前，我国核桃树的施肥，主要是土壤施肥，根外追肥较少采用。因为土壤施肥，有利于根系的直接吸收，尤其是施基肥，可与土壤深翻结合起来。其施肥方法，有以下几种。

（1）环状施肥　常用于4年生以下的幼树。具体做法是：在树干周围，沿树冠的外缘，挖一深30~40厘米，宽40厘米的环状施肥沟，将肥料均匀施入埋好即可。施肥沟的位置每年随树冠的扩大而向外扩展（图6-1）。

（2）放射状施肥　5年生以上的幼树比较常用（图6-2）。从树冠边缘的不同方位开始。向树干方向挖4~8条放射状施肥沟，沟的长短视树冠的大小而定，一般为1~2米。沟宽40厘米，深度依肥料种类不同而异，施基肥沟深为30~40厘米，追肥为10~20厘米，每年施肥沟的位置要变更。

（3）条状沟施肥　是在核桃园的行间或株间挖成条状沟进行施肥的方法（图6-3）。具体做法是，切冠影边缘的两侧，分别挖平行的施肥沟。深度和宽度同其他方法，长度视树冠大小而定。

（4）穴状施肥　此种方法多用于追肥（图6-4）。具体做法是，以树干为中心，从树冠半径的1/2处开始，挖成分布均匀的若干小穴，将肥料施入穴中埋好即可。

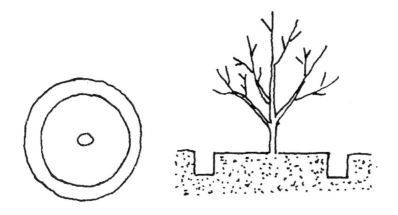

图 6 - 1　环状施肥法

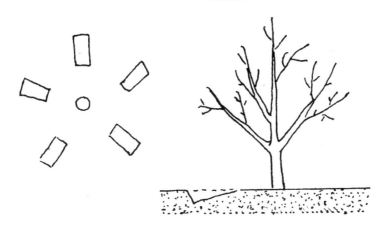

图 6 - 2　放射状施肥法

（5）根外追肥　就是叶面喷肥。把肥料溶解在水里，配成浓度较低的肥料液，在生长期用喷雾器喷到核桃叶片上。肥料借助水分的移动，从叶片的表皮细胞或叶片背面的气孔进入树体。这种方法肥料利用率高，吸收也快，作为一种辅助性措施是有必要的。特别是在树体出现缺素症时，或者为了补充某些容易被土壤固定的元素，通过根外追肥可以收到良好的效果。

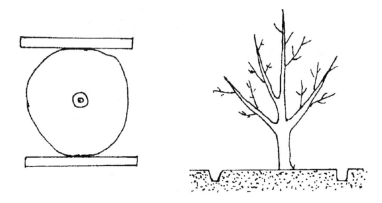

图6-3　条状沟施肥法

图6-4　穴状施肥法

6. 绿肥的利用

大面积栽培核桃，往往感到肥料不足，特别是有机肥。为了解决这个矛盾，可在核桃园内种植绿肥。只要种类选择合适，就能达到用地养地的目的。

绿肥利用最好是就地翻压，但一定要铡短深埋，这在机具完善的园地可以实行。另外，就是割青造肥，夏季利用高温堆肥法的，当年秋季就可施用。还有一种方法是开沟压草，这种方法幼龄园使用多。刈割时间要在始花以前，就地掩青的，还要注意结合灌溉，以利于绿肥的腐烂分解。

（三）灌水

核桃树体高大，叶片宽阔，蒸腾量较大，需水较多。只有土壤水分比较充足，才能保证树体的生长和发育。一般年份降水量在 500~700 毫米，分布均匀就可满足需要。有些时候不均匀，则应给以灌水。

灌水时期和次数，应依土壤含水量和树体含水量决定。春灌在解冻后到发芽前，目的就是减轻春旱，促使秋施基肥继续发挥肥效，促进结果。秋末果实收获时，树叶还绿时，注意不能多浇水，以防树干，冬季裂缝，春季腐烂病发生。在落叶后至封冻前可灌冻水，以提高冬季土壤水分，避免冬旱造成根系受害，枝条干枯。

没有灌溉条件的地区，要搞好水土保持，同时进行树下覆草。即在树冠下用鲜草、干草、碎秸秆覆盖地面。覆草以不露地表为准，一般厚度为 5~10 厘米。实践证明，树下覆草能减少地表水分蒸发，保持土壤湿度，抑制杂草生长，覆盖物腐烂后，能增加土壤的有机质，改善土训结构，提高土壤肥力。

二、整形修剪

整形修剪是核桃管理中一项十分重要的技术措施，合理的整形修剪，可以形成良好的树体结构，培养成丰产树形，调整好生长与结果的关系，从而达到早结果、多结果及连年丰产的目的。

（一）修剪时期

核桃修剪时期与其他果树不同。如果时期不当，则会由伤口引起"伤流"，使养分流失，造成树势衰弱，甚至枝条枯死。据观察，伤流一般于秋季落叶后11月中旬开始到翌年萌芽后为止。在伤流期有两个高峰，出现在落叶后的11月19日和萌发前的3月25日。一个波谷出现在12月10日到3月18日。因此，核桃修剪要避开伤流期，适宜修剪的时期应在采收后到叶片未变黄以前和春天展叶以后。但春剪损失营养较多，且易碰伤嫩枝叶，故结果树以秋剪为宜。幼树则可春剪。

（二）幼树整形修剪

核桃定植后经过一年缓苗期，从第二年开始逐渐进入迅速生长期，待发生分枝后，开始整形修剪。核桃适宜树形主要有主干疏散分层形和自然开心形。晚实类型多属疏散分层形，早实核桃多属自然开心形。早密丰核桃园还采用圆柱形或纺锤形（彩图6-1、彩图6-2，见书后彩页）。

1. 主干疏层形

主要特点是有明显的中心领导干，主枝6~7个，分3层螺旋形着生在中心领导干上，形成半圆形或圆锥形树冠（图6-5）。这种树形的优点是主枝和主干结合牢固，负载量大，寿命长。由于主枝分层，通风透光良好，故在土壤肥沃深厚、条件好时宜采用这种树形。

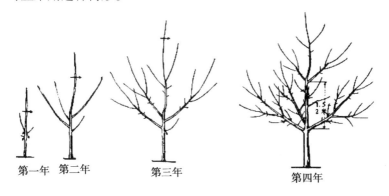

第一年　第二年　　　　第三年　　　　　　　第四年

图 6－5　主干疏层形树冠示意图

定干：有间作物时，可定干高 1.2～2 米，无间作用，土壤质地较差，干高可定为 0.8～1.2 米。

主枝选留：1～2 年生的树一般达不到定干高度，2～3 年生才能达到并有分枝，这时可选第一层三大主枝（一般经过 2 年选留）。早实核桃分枝多，可早些留成。三大主枝应临近着生，避免轮生，以防掐脖。层内距 60～70 厘米。核桃喜光性强，且树冠高大，枝叶茂密，容易造成树冠郁闭，所以要加大层间距。栽植后 4～5 年就可选留第二层主枝 2 个，层间距 1.5～2 米，小冠形也要保持 1～1.5 米，第三层选留 1～2 个主枝，与第二层间距 0.8～1 米。各层主枝要上下错开，插空选留以免互相重叠。

主枝角度：三大主枝水平角 120° 左右，基角 55°～65° 较为适宜，腰角 70°～80°，梢角 60°～70°（图 6－6）。

侧枝的选留：侧枝是产生结果枝组的重要部位，一定要注意培养。第一层主枝上各留 2～3 侧枝，第二层主枝各留 1～2 个，第三层主枝选留 1 个。基部三大主枝的第一侧枝要尽量同向选留，防止互相干扰。第一侧枝距中心干 80~100 厘米，第二侧枝距第一侧枝 40~60 厘米，第三侧枝距第二侧枝 80 厘米。这样交错排列，可充分占据空间，避免侧枝并生拥挤。侧枝与主枝的水平夹角 45°~50° 为宜，侧枝着生位置以背斜侧为好。切忌留背后枝。

各主枝生长势的调整：修剪时要注意保持中心领导枝的绝对优势，及时控制竞争枝，适当多留辅养枝，除非竞争枝超过原头，一般不要轻易更换枝头，否则越换越弱。要保持各级骨干枝之间的从属关系，同一层主枝上的侧枝后部强于前部同层主枝大小基本相同。注意调整和平衡骨干枝的长势，一般多采用抑强扶弱的修剪方法。对于长势强的要开张角度，多疏旺枝，弱枝当头，以缓和生长势。弱者则选留强枝，适当抬高角度，以平衡枝势。

背后枝的处理：核桃的背后枝与一般果树不同，它的角度虽大，但长势强，如让其任意生长，往往超过原头，果农称之为"倒垃枝"，这是核桃同其他果树显著不同之处。修剪时如果背后枝已超过原头，而且角度合适，可取而代之；若背后枝长势弱，并已形成花芽，可保留结果，逐步改为枝组；二者长势相似，应及早疏除背后枝。

2. 自然开心形

自然开心形的特点是无明显的中心领导干（图 6-7）。这种树形成形快，结果早，各级骨干枝安排灵活，便于掌握。生长在立地条件差和树冠开张的品种适宜这种树形。常见的有三大主枝、四大主枝、五大主枝开心形。整形时先多留几个主枝，从中选留合适的 3~4 个主枝，主枝上着生侧枝，侧枝上着生枝组，尽量使其相互错开，以提前光能利用。修剪时注意平衡三大主枝的生长势。具体修剪方法参考主干疏层形。

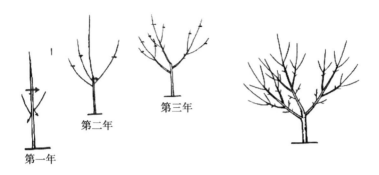

第一年　　第二年　　第三年

图6-6　自然开心形整枝示意图

（三）结果期的修剪

核桃定植后 8～10 年开始进入结果期（嫁接苗提早 3～5 年），这时各级骨干枝尚未全部配齐，生长仍很旺盛，树冠还在扩大，结果农年增多。修剪的主要内容是：一方面继续培养主、侧枝，调整各及骨干枝的生长势，使骨架牢固，长势均衡，树冠圆满，准备负担更多的产量；另一方面，应在不影响骨干枝生长的前提下，充分利用辅养枝早结果，早丰产。

核桃树一般 15 年左右进入盛果期，土壤管理条件好。盛果期可维持 50～100 年。盛果期树冠扩大速度缓慢并逐渐停止。树枝开张，随着产量的增加，外围枝绝大多数成为结果枝，结果部位外移，生长和结果之间的矛盾表现突出。不注意修剪时，外围枝增多，通风透光不良，营养分配失调，外围枝条下垂，内膛小枝枯死，主枝基部光秃。修剪的主要任务是：继续培养丰产树形，改善通风透光条件。调节生长和结果的关系，防止结果部位外移。继续培养和更新复壮各类结果枝组，保持良好的生长和结果能力，延长盛果期年限，获得高产稳产。

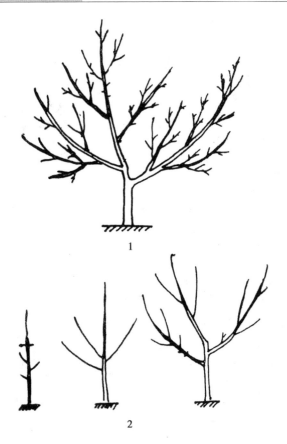

图 6 - 7 　自然开心形

1. 树形；2. 整形过程

1. 各级骨干枝和外围枝的修剪

主干疏散分层形到一定的高度可利用三叉枝逐年落头去顶，最上层主枝代替树头。刚开始进入盛果期，各主枝还继续扩大生长，仍需培养各级骨干枝，及时处理背后枝，保持枝头的长势。当相邻树头相碰时，可疏剪外围，转主换头。先端衰弱下垂时，应及时回缩，抬高角度，复壮枝头。盛果期大树的外围枝大部分成为结果枝，由于连年分生，常出现密挤、交叉和重叠现象，要适当疏间和适时回缩。对下垂枝、细弱枝、干枯枝和病虫枝，应及早从基部疏，通过这样处理，可改善内膛光照条件，做到"外围不挤，内膛不空"（图6－8）。

图6－8　外围枝修剪示意

2. 结果枝组的培养和修剪

结果枝组是盛果期大树结果的主要部位，因而结果枝应该在初果期和盛果期即着手培养和选择，以后主要是枝组的调整和复壮。结果枝组的培养方法有以下几种。

①着生在骨干枝上的大中型辅养枝，经回缩后改造成大、中型结果枝组。

②利用有分枝的强壮发育枝，采取去强留弱，去直留平的修剪方法，培养成中小型结果枝组。

③利用部分长势中庸的徒长枝培养成内膛结果枝组。

结果枝组的修剪，首先要对有碍主、侧枝生长，影响通风透光的枝组进行回缩，过密的可以疏除。为防止内秃外移，应不断更新枝组。多数为结果母枝时用壮枝带头继续发展，空间较小的可去直留斜，缩剪到向侧面生长的分枝上，引向两侧生长，缓和生长势。背上枝组重剪促斜生。长势弱的枝头，下垂的枝组，要去弱留强，去老留新，抬高枝角，使其复壮。

3. 徒长枝的利用

盛果后期树势逐渐衰老，内膛萌发大量徒长枝，生长势强。处理不及时，扰乱树形，甚至形成树上长树，影响光照，消耗养分。若处理及时，控制得当，可利用徒长枝培养结盟果枝组，充满内膛，补充空间，增加结果部位。衰老树上还可利用徒长枝培养成接班枝，更换枝头，使老树更新复壮。

（四）放任生长树的改造修剪

1. 放任树的表现

①大枝过多，层次不清，枝条紊乱，从属关系不明。主枝多轮生、叠生、并生。第一层主枝常有 4 ~ 7 个，盛果期树中心干弱。

②由于主枝延伸过长，先端密挤，基部秃裸，造成树冠郁闭，通风透光不良，内膛空虚，结果部位外移。

③结果枝细弱，连续结果能力降低，甚至形不成花芽。从大枝的中下部萌生大量徒长枝，形成自然更新，重新构成树冠，连续几年产量很低。

2. 放任树的改造方法

（1）树形的改造　放任生长的树形多种多样，应本着"因树修剪、随枝作形"的原则，根据情况区别对待。中心干明显的树改造为主干疏层形，中心领导干很弱或无中心干的树改造为自然开心形（图 6 - 9）。

（2）大枝的选留　大枝过多是一般放任成长树的主要矛盾，应该首先解决好。修剪时要对树体进行全面分析，通盘考虑，重点疏除密挤的重叠枝、并生枝、交叉枝和病虫为害枝。主干疏层形留 5 ~ 7 个主枝，主要是第一层要选留好，一般可考虑 3 ~ 4

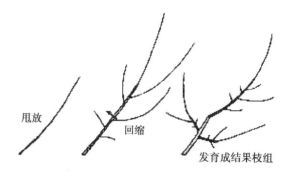

甩放　回缩　发育成结果枝组

图6-9　放任树形改造示意

个。自然开心形可选留3~4主枝。为避免一次疏除大枝过多，可以对一部分交叉重叠的大枝先行回缩，分年处理。但实践证明，40~50年生的大枝，只要不是疏过多的大枝，一般不会影响树势。相反，由于减少了养分消耗，改善了光照，树势得以较快复壮。去掉一些大枝，虽然当时显得空一些，但内膛枝组很快占满，实现立体结果。对于较旺的壮龄树，则应分年疏除，否则引起长势更旺（图6-10）。

（3）中型枝的处理　在大枝除掉后，总体上大大改善了通风透光条件，为复壮树势充实内膛创造了条件，但在局部仍显得密挤。处理时要选留一定数量的侧枝，其余枝条采取疏间和回缩相结合的方法。中型枝处理原则是大枝疏除较多，中型枝则少除，否则要去掉的中型枝可一次疏除。

（4）处围枝的调整　对于冗长细弱、下垂枝，必须适度回缩，抬高角度。衰老树的外围枝大部分是中短果枝和雄花枝，应适当疏间和回缩，用粗壮的枝带头。

（5）结果枝组的调整　当树体营养得到调整，通风透光条件得到改善后，结果枝组有了复壮的机会，这时应对结果枝组进行调整，其原则是根据树体结构、空间大小、枝组类型（大、

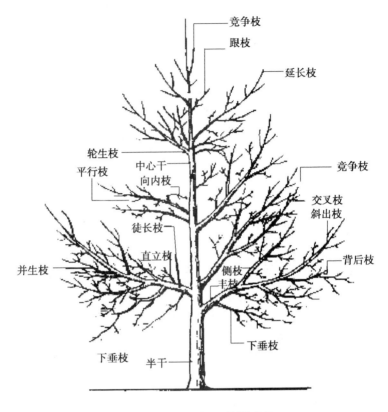

图 6-10 疏散分层型树体结构

中、小型）和枝组的生长势来确定。对于枝组过多的树，要选留生长健壮的枝组，疏除衰弱的枝组。有空间的要让继续发展，空间小的可适当回缩。

（6）内膛枝组的培养　利用内膛徒长枝进行改造。据调查改造修剪后的大树内膛结实率可达34.5%。培养结果枝组常用两种方法：一是先放后缩，即对中庸徒长枝第一年放，第二年缩剪，将枝组引向两侧；二是先截后放，对中庸徒长枝先短截，促进分枝，然后再对分枝适当处理，第一年留5~7个芽重短截，第二年除直立旺长枝，用较弱枝当头缓放，促其成花结果。这种方法培养的枝组枝轴较多，结果能力强，寿命长。

3. 核桃树修剪要领

徒长枝清竞争枝短，下垂枝剪去多一半。具体说树冠内所有的徒长枝不管大小发现后全部清除；顶部竞争枝和外侧平行竞争枝修剪时注意短剪即剪去枝条长度一半；对下垂枝（把门枝）要剪去枝条长度的2/3，因此类枝条光照及养分都不足，地下送来的养分仅够枝条生长，很少结果。

三、花期管理

（一）人工辅助授粉

核桃属异花授粉果树，风媒传粉。自然授粉受自然条件的限制，每年坐果情况差别很大。幼树最初几年只开雌花，3~4年以后才出现雄花。少数进入结果盛期的无性系核桃园，也多缺乏之配置授粉树。有些实生园中的核桃树都是雌先型或雄先型的植株，雌雄花的开放期可相差10~25天。

此外，由于受不良气象因素，如低温、降雨、大风、霜冻等的影响，雄花散粉也会受到阻碍。实践证明，即使在正常气候情况下，实行人工辅助授粉也能提高坐果率。根据河北省涞水、武安、获鹿、平山、灵寿等地试验，在雌花盛期进行人工授粉，可提高坐果率17.3%~19.1%，进行两次人工授粉，其坐果率可提高26%。

1. 花粉的采集及稀释

从当地健壮树上采集基部小花开始散粉的粗壮雄花序，放在室内或无太阳直射的院内摊开晾开，保持16~20℃，室内可放在热炕上保持 20~25℃，待大部雄花开始散粉时，筛出花粉，装瓶，置于 2~5℃低温条件下备用。据河北农业大学试验，465千克雄花序，阴干后可出花粉 5.3 千克，折合每千克雄花序可出粉 2.87 克。按抖授花粉的方法计算，平均每株授粉 2.8 克。喷授花粉每株需要 3.0 克，可作为计划采集雄花序和花粉用量的参考。瓶装贮存花粉必须注意通气，否则，过于密闭会发霉，降低授粉效果。为了便于授粉，可将原粉稀释，以 1 份花粉加 10 份淀粉（粉面）混合拌匀。

2. 授粉适期

根据雌花开放特点，授粉最佳时期是柱头呈倒八字张开，分泌黏液最多时，一般只有 2~3 天，如果柱头反转或柱头干缩变色分泌物很少时，授粉效果显著降低。因此，必须掌握准确时机。有时因天气状况不良，同一株树上雌花期早晚差 7~15 天。为提高坐果率，有条件的地方，应两次授粉。

3. 授粉方法

可用双层纱布袋，内装 1:10 稀释花粉，进行人工抖授。也可配成花粉水悬液 1:5 000进行喷授，两者效果差别不大。

（二）疏花

1. 疏雄花

（1）疏雄效果　山西省林业科学研究所 1983 年经大面积试验后，认为人工疏雄可使核桃增产 30%~45% 以上。河北省经试验后认为可提高坐果率 9.8%~27.1%，枝条增长 12.4%，增粗 7.6%，叶片增重 22.1%，说明去雄效果很好。

（2）疏雄增产原因　人工疏雄减少了树体水分养分消耗，节省的水分和营养用于雌花的发育，从而改善了雌花发育过程中的营养条件，而使坐果率提高，产量增加。据从 27 株结果大树的调查结果看，每株树平均有雄花芽 3 150 个，最多株为 12 741 个。山西省林业科学研究所调查 18 年生树，平均每株有雄花芽 2 000 个。经切枝水培称重测定，每一雄花芽从萌动到成熟，平均每天蒸腾水分 1.58 克，按雄花期 15 天计，一个雄花芽将消耗 27.2 克水分，一株按 2 000 雄花芽计，15 天将消耗 54.5 千克水分。经中国林业科学研究院分析中心测定，一个雄花芽干重为 0.036 克，达到成熟花序时干重增加到 0.66 克，增重 0.624 克，其中，含 N 4.3%，P_2O_5 1.0%，K_2O 3.2%，蛋白质的氨基酸 11.1%，粗脂肪 4.3%，全糖 31.4%，灰分 11.3%。如果一株核桃树疏去 90% 的雄花芽，可省省水分 50 千克左右，节约干物质 1.1～1.2 千克。从某种意义上说，疏雄是一项逆向灌水和施肥的措施。

（3）疏雄时间、方法和数量 当核桃雄花芽膨大时去雄效果最佳，太早不好疏除，太迟影响效果。在 3 月下旬至 4 月上旬（春分至谷雨）。疏雄的方法主要是用手指抹去或用木钩去掉。疏雄量一般以疏除全树雄花芽的 70%～90% 较为适宜。据有关资料报导，一个雄花芽有小花 100～130 朵，每朵小花有雄蕊 12～26 枚，花药 2 室，每室有花粉 900 粒，这样计算起来每个雄花序有花粉粒 180 万。虽然花粉发芽率只有 5%～8%，但留下的雄花仍能满足需要。对于品种园来讲，作授粉品种核桃树的雄花适当少疏，主栽品种可多疏。

（4）疏雄技术的可行性 对于 30 年生以上的实生树，由于树冠高大，人工去雄只是在下垂枝上，效果不大，生产上也难应用。对于新建良种园来说，由于结果早，树冠矮化，疏雄效率高，效益也大，值得大力推广。目前，有人试图研究一种化学药剂来阻止雄花的形成和发育，但生产上尚未应用。

2. 疏雌花

随着早实丰产品种的推广，生产上出现了结果太多，造成核桃果个变小，品质变差，严重时导致枝条大量干枯甚至死亡。为了维持核桃树营养生长和生殖生长的相对平衡，保证树体正常生长发育，提高坚果质量，稳定产量，延长结果寿命，疏除过多的雌花十分必要。

（1）**疏雌花时期**　由于核桃树有生理落花现象，疏雌甫在生理落花以后。在核桃长至 1~1.5 厘米时进行。

（2）**疏除雌花数量**　应根据栽培条件和树势发育情况而定。表 6-5 可作参考。

（3）**疏花方法**　首先要疏除弱树和细弱枝上的雌花，内膛要多疏一些，处围延长枝上要多疏些，保证 40~50 厘米的生长量。

表 6-5　树冠大小及留果量

冠幅（米）	投影面积（平方米）	留果数	产量（千克）
2	3.14	180~240	1~2
3	7.06	430~600	4~5
4	12.56	800~1 000	8~10
5	19.6	1 200~1 600	12~16
6	28.2	1 700~2 200	17~20

核桃疏雄已被果农所接受，疏雌花还是件新鲜事。近年来各地引进早实丰产良种因结果过多造成树势衰弱，甚至死亡。对于丰产品种来讲，因树的具体情况疏去一些雌花，是一项必不可少的措施。

第七章 高接换优技术

一、高接换优的必要性

实行高接换优是实现我国核桃优质高产迅速崛起的有效途径。法国早在 19 世纪初，美国 20 世纪 20 年代均先后采用嫁接苗或高接优种种植生产核桃。而 1978 年后我国开始重视此项技术，但发展步伐缓慢，只是星星点点，形不成规模化生产，因此，很难占领国内外市场。不发展良种，我国的核桃生产将无出路。如果采用新品种新技术，借助于我国丰富的资源优势，核桃的产量和质量将会在世界上居于首位。

据统计，我国目前核桃栽培面积约 1 982 万亩，2.8 亿株，其中，结果树约 9 300 万株。低产劣质树和实生中幼树占到 85%以上。这些树大部分是 20 世纪七八十代发展起来的，树龄为 10~30 年。如果改接 50%，改接 7~8 年后平均株产 5~10 千克，可使我国核桃产量增长 2~3 倍。而且质量也将会大为提高。

因此，实生幼龄树和劣质低产树的改造就显得十分迫切和重要，应该引起有关领导部门和业务部门的高度重视。积极培训人才，大力推广良种，这是一项巨大的社会工程。这项技术的普遍推广应用，将打破我国几千年来实生核桃栽培的落后局面，将使我国核桃以优质商品重新打入国际市场。

二、高接换优的对象

我国核桃低产树多分布于山区、丘陵的梯田地埂及堰边，此外为零星栽植，多数地方以林粮间作为主，集约会栽培的核桃园较少。高接换优的对象是中幼树。对于老树及以防护效益为主的核桃树进行改造。对 10 年以下幼树品种杂乱时要全换；对 10 ~ 20 年初果树可以选换；对于成龄树中存在有夹核桃或结果稀少的树进行换优外，原则上不进行改造。

三、立地条件的选择

核桃树大部分生长在立地条件较好的农耕田内，一般土层深厚，年年耕种。有少部分栽植在瘠薄的梁峁地带。有些树立地条件还可以，但由于长期粗放管理，使土壤板结，营养不良，形成了小老树。对低产树、幼龄树进行改接优良品种，首先应选择土层深厚、生长旺盛的树进行改接。对立地条件好，缺乏管理的小老树，需进行土壤改良。通过施肥、扩穴、深翻甚至浇水等措施，促进树势由弱转强，然后再行改接，不然会造成整株死亡现象。

四、适地适品种

选用优良品种一定要严格选择，从生物学特性，经济性状、抗逆性方面加以考虑，不论是早实核桃或是晚实核桃，应该具备以下条件。

其一，丰产性强，达到或超过国家标准要求，特别注意其连续丰产性。

其二，坚果品质好，达到国家标准中优级或一级指标的要求。

其三，抗逆性强，要根据各地情况而定，在北方寒冷地区，要注意抗寒和抗晚霜品种，干旱地区要选择耐旱性强的晚实优良品种，雨水多的地区要注意选择抗病品种。

另外，一个村庄可选择1个主栽品种，即"一村一品"配以适当的授粉树，不必引入几个品种，否则会造成良种混杂。

五、高接程序

（一）砧木选择

选择生长健壮的植株，嫁接部位直径粗度以5~7厘米为宜，最粗不超过10厘米，过粗不利于砧木接口断面愈合。砧龄在10年生左右的树，高接部位因树制宜，可在主干或主枝上进行单头单穗，单头双穗或多头多穗进行高接。砧木接口直径在3~4厘米时可单头单穗，直径在5~8厘米时可一头插入2~3条接穗。10年生以上的树应根据砧木的原从属关系进行高接，高接头数不能少于3~5个。

（二）接穗的采集与保存

接穗应在发芽前20~30天采自采穗圃或优良树冠外围中上部。接穗粗度应在1.2厘米以上，芽子饱满，枝条充实，髓心小，无病虫害。采集后母树的剪口要用漆立即封严，防止伤流。接穗剪口应蜡封后分品种捆好，随即埋到背阴处5℃以下的地沟内保存，也可装入塑料袋，内撒湿锯末放入冷库储藏。嫁接前2~3天，放在常温下催醒，使其萌动离皮。在采穗至嫁接前，一定要做好保鲜工作，接穗质量是嫁接成活的最关键的因素之一。

（三）高接时间

高接时间以萌芽出叶3~5厘米（呈握手状）最好，太早伤流大，太迟树体养分消耗多。由于各地气候相差很大，以核桃物候期的变化为准。

（四）放水

核桃树不同其他果树，嫁接时常有伤流液从接口处溢出，有时十分严重，影响核桃嫁接成活率。因此，在高接时需在干基或主枝基部5~10厘米处锯2~3个锯口，深度为干（枝）径的1/5~1/4，呈螺旋状交错斜锯放水。放水不能马虎，更不可不放，伤流液的有无、多少，受立地条件、气温和树体本身特性所控制，有时在嫁接时并无伤流，但隔一夜后，或寒流来临，下雨之后，伤流就会马上表现出来，因此，要十分重视伤流的控制。

（五）高接方法（插皮舌接）

（1）接穗的削取　选取充实、新鲜的接穗。剪取12~15厘米长，上端留2~3个饱满芽（包括副芽），剪口距顶芽1~1.5厘米，下端削成5~8厘米长薄舌状马耳形削面，削面要平滑（图7-1）。

（2）砧木处理　选择要改接树干（枝）平直光滑处，将上端截去，然后用利刀将断面削平。在欲接处横削2~3厘米的月牙状切口，在切口下削去粗老树皮，露出嫩皮2~3毫米厚，上部插口处薄些，下部稍厚些，削面略长于接穗削面。

（3）插入接穗　将已削好的接穗的皮层轻轻揭离木质部，

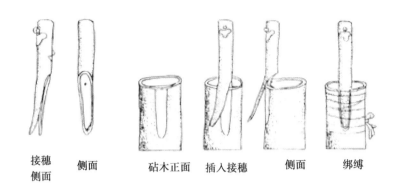

接穗   侧面   砧木正面 插入接穗   侧面   绑缚
侧面

图7-1   插皮舌接

将接穗的木质部插入砧木的皮层中，接穗的皮层正好盖在砧木的嫩皮层上。

（4）绑扎   接口用尼龙编织绳或麻匹绑扎牢固。绑扎时要注意力度，以防环缢皮层影响养分运输（彩图7-1，见书后彩页）。

（5）保湿处理   接穗固定后，随即用二层废纸卷个筒，套扎在接口上，内装细湿土至接穗顶部以上1厘米，然后在纸筒外套一定做的薄塑料袋，排掉空气，顶部留3~5厘米空间，以便新梢生长，下部扎紧。

六、高接树的管理

（一）整形修剪

高接树的整形修剪是促进改接树恢复树冠，提高产量的重要措施。改接树当年由于树体营养集中供应，形成较多的生长量超过60厘米的大枝，如不加以合理修剪，就会使冠内大枝过多，主次不明。早实品种会大量结果后下部光秃,结果部位外移,甚至由于结果过多,整株累死,达不到改接良种的目的。因此高接后在第二年春季发芽前结合采穗应选留好中央领导干和主枝。中央领导和主枝要有 50~60 厘米处饱满芽上剪截,促进剪口下一二芽抽生枝条。同时减少果枝数量,促进营养生长。当树冠和根系得到恢复后,即可进入正常的生长和结果。

改接后的树形可根据高接部位和嫁接头数,培养成开心形或有中央领导干的疏散分层形(彩图 7-2,见书后彩页)。

(二) 疏花疏果

早实核桃高接后 2~3 年内要采取疏花疏果措施,尽量不让结果或少结果。目的是集中营养维持根系有足够的养分积累,促进地上部树冠及早恢复,使地上下部趋于平衡。结果太早太多,地上部制造的养分回流根系很少,根系得不到充足的养分会影响水分矿质营养的吸引,而且会出现烂根。因此,切不可只顾眼前利益而影响长远利益。

(三) 土肥水管理

1. 合理间作与中耕

核桃园一般为果粮间作,改接树要在树下留出一定面积的树盘,不要把间作物种在树盘上。间作物要采用低秆作物,不能种高秆作物。每次耕耘作物时一定要将树盘耕过。间作物锄草时也应把树盘锄过。

2. 施肥与灌水

改接后的核桃树由于产量提高较快,树体需要很好地补充营养。林粮间作的核桃园,在农作物施肥的同时要对核桃树增施肥料。不间作的核桃园更应施肥。有条件的地区要在施肥后灌水,以保证丰产和稳产。

第八章 矮化密植栽培

目前，我国核桃密植丰产园栽培试验已取得很大进展。山东省果树研究所 5 年生密植丰产园亩产已达 152.0 千克；辽宁经济林研究所用辽核 1 号建立的密植丰产园，6 年生亩产达到 211.3 千克，8 年生亩产达 277.2 千克；山西林业科学研究所 5 年生辽核 1 号、新纸皮，亩栽 94 株，株产 1.2 千克，亩产达 112.8 千克。都大大超过国家标准的丰产指标，这在过去应用晚实实生核桃苗木建园和粗放管理情况下要达到上述产量是根本不可能的。目前，各地已选育出一批早实核桃品种，而且有了嫁接苗，这就为核桃栽培的早实密植丰产园的建立创造了重要条件。

一、矮化密植丰产园的特点

（一）结果早

采用早实核桃品种嫁接繁殖的良种壮苗，一般栽后 2 ~ 3 年结果，但为了核桃树早成形在，扩大结果面积，一般栽植后 3 ~ 4 年内全部疏果。

（二）密度大

过去实生核桃树一般是 10 米 × 10 米，每亩 6 ~ 7 株，最大是 8 米 × 8 米，每亩 10 株。而现在的密植丰园的株距为 1 ~ 3 米，行距 3 ~ 5 米，每亩定植 22 ~ 44 株。

（三）早丰产

密植丰产园在定植后 5 ~ 8 年即可丰产，而实生晚实核桃园进入盛果期需 20 ~ 30 年。密植丰产园的早期丰产性取决于两个基本因素，一是单位面积上的株数多；二是采用早实丰产的品种。早实核桃品种主要有以下几个特点。

1. 分枝力强

一般 2 ~ 3 年开始大量分枝。据观察，5 年生树的新梢可达 130 ~ 250 个，比晚实核桃要多 5 ~ 8 倍。而且多为结果短枝。

2. 果枝率高

结果母枝抽生的枝条中结果枝所占得比率高，一般在 85% 左右。这是因为早实核桃品种不仅顶芽结果，而且大部分侧芽可结果（彩图 8 - 1，见书后彩页）。

3. 坐果率高

坐果率一般在 50% 以上，最多可达 85% 以上（彩图 8 - 2，见书后彩页）。

4. 树冠矮化，便于管理

矮化密植丰产园的树高一般在 2.5 ~ 3.5 米，是乔化树的 1/3 ~ 1/2，冠幅 2 ~ 3 米，是乔化树的 1/5 ~ 1/3。这样就便于喷药、疏花、采收、修剪等管理。乔化树一般树高在 10 米以上，管理很不方便（彩图 8 - 3，见书后彩页）。

5. 要求栽培管理水平高

矮化密植丰产园一般建在立地条件较好的地方，为了实现早期丰产，必须根据其生长结果习性进行科学的管理，即从定植建园、幼树的整形修剪、施肥灌水、中耕除草等一系列作业，都要制定具体的管理计划，并及时加以实施。

二、矮化密植丰产园的品种选择

建立核桃矮化密植园，选用适宜的品种十分重要。首先要求品种的早期丰产性强，否则早期结果少，树冠长得大，不等丰产就因树冠郁蔽而需要间伐，达不到早、密、丰的效果。据实践经验，采用辽核1号、扎343、温185、晋丰、香玲、丰辉、中林5号等品种较为理想。

三、矮化密植丰产园的产量标准

建立矮化密植丰产园的目的，就是在土地条件好，面积相对小的地方，通过粗细管理，达到丰产稳产。为了衡量其丰产水平，我国核桃标准（GB 7907—87）对矮化密植园的丰产指标作了如下表的规定。

表 丰产标准

树龄	4	6	8	10	14	20	25
单株（千克/株）	1.0	2.0	3.0	4.2	7.0	13.0	25.0
产量（千克/亩）	30.0	60.0	84.0	105.0	150.0	225.0	250.0

四、矮化密植丰产园的栽培管理技术

根据密植丰产园的特点，要达到丰产的目的，必须采取严格的管理措施。

（一） 因地制宜

建园时一定要本着适地适树的原则进行选地。根据核桃树喜光、喜肥水的特点，应尽量选择背风隔阳、地势平坦、土壤肥沃深厚，具备灌水和排水条件的地方建园。如果园地选择不适宜，就不能达到早期丰产的目的。

（二） 选择良种优苗

选用良种壮苗是关系到丰产园建园成败的关键因素。苗木要求品种纯正，嫁接繁殖，达到一级苗的要求。为了保证一次建园成功，苗木适当要大，苗高1米，粗1~2厘米，根系完整，不失水，接口愈合好，而且要安排适当的苗木作为预备树。

（三） 园地准备

为了保证密植丰产园结实多，寿命长，在定植前应完成各项准备工作。园地平整在定植前较易施工，而建园后则难以进行。

1. 园地深耕

在核桃定植前使用拖拉机深耕，深度30~40厘米，疏松多年牲畜耕种所形成的硬结层（犁底层）。结合深耕，可以进行土壤消毒灭虫。深耕后还及时耙磨，打碎结块。

2. 平整土地

按规划的栽植方向平整园地，保证栽植后顺利灌水，而且使苗木栽植深度一致，以后不致出现雨水冲刷露根或埋没太深。

3. 开定植沟

由于密植丰产园的株距较小，宜采用挖沟定植，沟宽60~80厘米，深80~100厘米。回填时施入足够的有机肥和氮磷肥。当密度较小时可挖1立方米的定植穴。

（四）栽植密度

密植丰产园虽然强调密度，但并不是越密越好，而是做到科学合理（彩图 8 - 4，见书后彩页）。栽植密度过大，苗木投资就多，树冠郁闭年限就短。根据各地经验，每亩栽植 40 ~ 80 株（株行距 2.5 米 × 3 米 ~ 3 米 × 5 米），每年进行适当的修剪控制，可延迟其郁闭的年限，大约维持 10 ~ 15 年，每亩产量可保持150 ~ 250 千克以上，以后根据郁闭情况，再考虑适度间伐。

（五）施肥与疏花疏果

增施肥料是保证密植丰产园高产稳产优质的重要措施。要根据核桃园土壤肥力状况，早实核桃的需肥特点，当年树势生长状况和结实多少，增加肥料的施用量。对于一些坐果率高，年年挂果的品种还必须及时疏除多余雌花或幼果，不然会因树体结果负担过重，造成树体的死亡。

（六）适时灌水

树木缺少必要的水分可导致发育缓慢，产量和品质降低，另一方面，灌水过量也将使树木生长不良。

（七）整形修剪和间伐

密植丰产园由于栽植密度较大，培养良好的树形，控制枝条的迅速外移显得十分重要。

1. 树形

一般定干高度为 50 厘米左右，最好培养成具有中央领导干的树体结构。树形可以整成主干分层形或多主干形。

2. 初结果树的修剪

这个时期修剪的目的是促进枝条生长以扩大树冠结实面积，

同时，尽量避免由于修剪强度大而延迟产量的增长，这个阶段光照成为枝条生长与果实生产的限制因子。骨干枝的生长发育与结实之间的竞争成为主要矛盾。

3. 大树修剪

定植后 10 年左右可达到盛果期。此时，密植园树木的新梢长势一般较旺盛。树冠开始相接，完全占满了间距。修剪任务由培育单株树变为对整个树冠郁闭的果园管理。

4. 间伐

使矮化密植园获得良好光照条件的另一项措施上是在郁闭前疏伐 1/2 的核桃树。在为了早期增产而加密栽植的核桃园内，间伐是普遍采用的措施，因为用一般的修剪措施难以解决。间伐的任务是伐去临时加密树并使产量下降数量尽量减少。可以采用两种方式间伐。

（八）病虫害防治

早实核桃的抗病虫能力较弱，要及时防治，不能掉以轻心，否则会导致大量减产。早密丰产园由于密度大，光照不如稀植园好，尤其是湿度由于多次灌水而增大，容易感染黑斑病和炭疽病。

第九章　病虫害及其防治

核桃病虫害要坚持"预防为主，综合防治"的原则。在实际工作中应注意植物检疫，加强栽培管理，选用抗病虫品种，采取物理防治、生物防治、化学防治并举的办法进行有效防治。

一、主要害虫及其防治方法

（一）金龟子

金龟子有两种，第一种是铜绿金龟子也叫绿丽金龟子，体长12～15毫米；第二种是黑绒金龟子，体长6～8毫米，俗称"黑豆牛牛"。属金龟子科，是一种杂食性食叶害虫，该虫1年发生1代，主要是早春危害，山西、陕西、河南、河北等省的核桃产区发生普遍。

防治方法：

（1）早春树叶刚展开时，幼树用纱带套住进行物理防治。

（2）早春发现害虫时，用50%的辛硫磷乳油1 000倍液或用50%马拉硫磷乳油800倍液喷杀。

（3）利用成虫趋光性用紫光灯诱杀成虫。

（二）核桃举肢蛾

俗称黑核桃蛾，属咀嚼式害虫，因成虫静止时有两肢举起，故称举肢蛾。成虫：雌蛾体长4～7毫米，黑褐色（彩图9－1，见书后彩页）。卵：长椭圆形，长0.3~0.4毫米。幼虫：初孵化幼虫乳白色。茧：长椭圆形，褐色，长7~10毫米。老熟幼虫在树冠下1~3厘米深的土内或在杂草、石缝中结茧越冬。

防治方法：

（1）保护布谷鸟、喜鹊等鸟类，利用它们冬季觅食虫茧达到生物防治的目的。

（2）6月中旬用2.5%小溴氰菊酯3 000倍，或灭扫利6 000倍液喷洒树冠和树干，每隔10~15天喷1次，连喷2~3次，可杀死羽化成虫、卵和初孵幼虫。

（3）林粮间作，勤刨树盘可减轻举肢蛾为害。

（三）云斑天牛

云斑天牛俗称铁炮虫、核桃天牛等，属钻蛀式害虫，主要危害枝干。各核桃产区均有分布上，受害树有的主枝及中心干死亡，有的整株死亡，是核桃树上的一种毁灭性害虫（图9-1）。其体长40~46毫米，触角鞭状，长于体。卵：长椭圆形，长6~10毫米，卵壳硬，光滑。幼虫：体长70~90毫米，淡黄白色，前胸背板为橙黄色。

防治方法：

（1）成虫发生期，经常检查，利于其假死性进行人工震落或直接捕捉杀死，或利用成虫的趋光性，于6~7月成虫发生期的傍晚，设黑光灯捕杀成虫。

（2）清除排泄孔中的虫粪、木屑，然后注射药液，或堵塞药泥、药棉球，并封好口，以毒杀幼虫。常用药剂有敌敌畏药液，50%辛硫磷乳剂200倍液等。

（3）7~8月每隔10~15天，向产卵刻槽上喷50%杀螟乳剂400倍液，毒杀卵及初孵幼虫，或用40%杀虫净乳剂500~1 000倍液喷雾防治成虫。

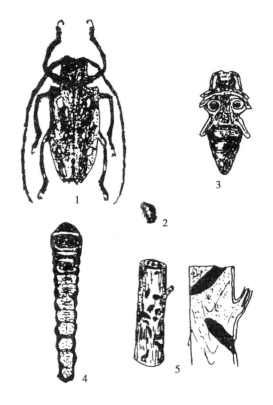

图 9 - 1　云斑天牛

1. 成虫；2. 卵；3. 幼虫；4. 蛹；5. 为害状

（四）核桃瘤蛾

又名核桃毛格虫，在山西、河南、河北及陕西等核桃产区均有发生，此虫是食害核桃树叶的偶发型暴食性害虫（图 9 - 2），尤其是 7 ~ 8 月危害最重，能将树叶吃光，直接影响核桃产量和结果寿命。成虫：体长 6 ~ 9 毫米，翅展 15 ~ 24 毫米，雌虫触角丝状，雄虫羽毛状，前翅前缘基部有 3 块明的黑斑，从前缘至后缘有 3 条波状纹，后缘中部有一褐色斑纹。卵：镆头形，直径0.2~0.4 毫米，初产卵乳白色，孵化前变为褐色。幼虫：老熟幼虫体长10~15 毫米，背面棕黑色，腹面淡黄褐色，体形短粗而扁。

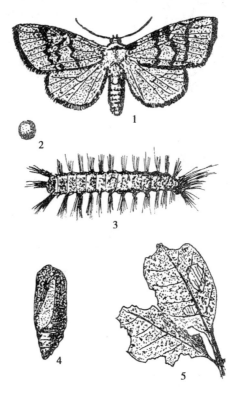

图 9 - 2　核桃瘤蛾

1. 成虫；2. 卵；3. 幼虫；4. 蛹；5. 为害状

防治方法：

（1）利用老熟幼虫有下树化蛹越冬的习性，可在树根周围堆积石块诱杀。

（2）成虫出现盛期的 6 月中旬至 7 月中旬，应用黑光灯诱杀成虫。

（3）在幼虫危害的 6～7 月，选用 50% 杀螟松乳剂 1 000 倍液，25% 西维因 600 倍液；50% 乐果乳剂 1 000 倍液；20% 速灭丁（杀灭菊酯）乳油 6 000 倍液，防治效果很好。

（五）大青叶蝉

又名浮尘子、青叶蝉。属刺吸式害虫，产卵时将产卵管刺入枝条皮层，上下活动，刺成半月形伤口，然后产卵其中。使皮层鼓起，产卵比较多的苗木或幼树的枝条越冬抽干死亡。成虫：体长 7.2～10.1 毫米，头淡褐色，顶部有两个黑点（彩图 9 - 2、彩图 9 - 3，见书后彩页）。胸前缘黄绿色，其余部分深绿色。腹部背面蓝黑色。腹面及足橙黄色。卵：产于幼树皮下，长 1.6 毫米，乳白色，长卵圆形，稍弯曲。若虫：形似成虫，无翅，有翅芽。

防治方法：

（1）在每年的 10 月 10 日前将幼树周围至少 1 平方米内的杂草除净，阻止大青叶蝉向幼树爬行产卵。

（2）可用 2 000 倍敌杀死、4 000 倍功夫或 2 000 倍氧化乐果喷杀。一般要喷 2～3 次，每隔离 7～10 天喷一次，杀虫效果好。

（六）吉丁虫

俗称钉子虫，属钻蛀式害虫，为害枝条。在山西、山东、河南、河北等地均有分布。以幼虫在 2～3 年生枝条皮层中串食为害，造成枝梢干枯，幼树生长衰弱，甚至死亡。成虫：体长 4～7 毫米，黑色，有铜绿色金属光泽，触角锯齿状，头、前胸背板及鞘翅上密布小刻点，鞘翅中部两侧向内凹陷。卵：椭圆形、扁平，长约 1.1 毫米，初产乳白色，逐渐变为黑色。幼虫：体长

7～20毫米，扁平，乳白色，头棕褐色，缩于第一胸节，胸部第一节扁平宽大，腹末有一对褐色尾刺。背中有一条褐色纵线。

蛹：裸蛹，白色，腹眼黑色。

防治方法：

（1）加强对核桃树的肥水、修剪、除虫防病等综合管理，增强树势，促使树体旺盛生长，是防治该虫的有效措施。

（2）采用核桃后至落叶前，发芽后至成虫羽化前结合修剪，人工将树上的黄叶枝及病弱枝、枯枝等剪下烧毁，剪时注意多往下剪一段健壮枝，防止遗漏，效果显著且可靠。

（3）7～8月，经常检查，发现有幼虫蛀入的通气孔，立即涂抹5～10倍氧化乐果，可杀死皮内小幼虫，或结合修剪剪去受害的干枯枝。

（七）刺蛾

幼虫俗称八角、痒辣子、刺毛虫等（彩图9-4，见书后彩页）。在全国各地均有分布。初龄幼虫取食片的下表皮和叶肉，仅留表皮层，叶面出现透明斑。三龄以后幼虫食量增大，把叶片吃成很多孔洞，缺刻，影响树势和第二年结果。幼虫体上有毒毛，触及人体，会刺激皮肤发痒发痛。发生严重时应进行防治。

刺蛾幼虫防治：

（1）消灭初龄幼虫：有的刺蛾初龄幼虫有群栖为害习性，被害叶片出现透明斑，及时摘除虫叶，踩死幼虫。

（2）刺蛾幼虫发生严重时，可分别用50%一六〇五1 000倍液，水胺硫磷1 000倍液，10%氯氰菊酯乳剂5 000倍液，杀虫率达90%以上。

（八）线虫

俗称植物"蛔虫病"，属刺吸式害虫，线虫是一种低等动物，身体微小，要在显微镜下才能看清形态。像一条蛔虫，不分节，两端尖。线虫的口腔中有一个特殊的矛状吻针，取食时用以刺穿食物。在植物体中生活时，则用以破坏细胞。生活在土壤中的线虫，寄生在寄主的根部，被害根部长出许多瘤状的结节，引起根部腐烂，造成整株死亡。

其病害在每年的七八月份发生及土壤含水量大时危害严重，病害发生时有 2~3 颗树叶枯萎，随后遇阴雨天或灌溉后，树木或苗木成片死亡。

防治方法：

（1）病区内应避免连作，建园时最好选择在原来不是果园的地方，避免该虫害连续危害。

（2）建园时注意土壤消毒，在土壤耕作时每亩应施入石灰粉 15 千克、施入黑矾（硫酸亚铁）5 千克，采用撒施的办法将这两种药剂翻入土中。

（3）当病株发生时，每隔 1 周用 500 倍的克别威液体进行根部浇灌。

（九）草履介壳虫

草履介壳虫俗称"树虱子"。草履蚧壳虫，属于刺吸式口器，以若虫和雌虫吸取嫩芽和嫩枝汁液，该虫 1 年发生 1 代（彩图 9-5，见书后彩页）。属偶发群居虫害，春季若虫从树的基部土壤中爬出，沿树干向树上部嫩枝叶扒去刺吸树体汁液，影响树体的正常发育，直接影响整个核桃产量。

防治方法：

（1）虫上树前，在树干 0.5~1 米高处刮去粗皮，涂黏虫胶或废机油，也可紧贴 10~15 厘米的光滑塑料。

（2）利用红嘴八星瓢虫，俗称"送饭牛牛"进行天敌捕杀生物防治。注意二十四星瓢虫为害虫。

（3）若虫上树初期，喷 50% 对硫酸 2 000 倍液或 40% 的乐果 800 倍液灭杀。利用红嘴八星瓢虫，俗名为"送饭牛牛"进行天敌捕杀生物防治。

二、主要病害及其防治

（一）黑斑病

又称褐斑病，核桃黑斑病属于真菌病害，真菌孢子靠风、雨、昆虫及种苗进行传播危害。在我国核桃产区均有不同程度发生，是一种世界性病害。我国早实型核桃发病较重，严重时造成早期落叶，早实变黑、腐烂、早落，或使核仁干瘪减重，出油率降低。

病害症状：病菌主要危害果实，其次叶片、嫩梢及枝条，核桃幼果受害后，开始在果面上出现黑褐色小斑点，枝梢上的病斑呈长圆形或不规则形，病斑绕枝干一周，造成枯梢叶落（彩图 9 - 6，见书后彩页）。

防治方法：

（1）选育抗病品种作为防治的重要途径。像本地良种晋龙 1号，早实良种辽核 1 号抗病性就强。

（2）核桃发芽前，喷一次波美 5 度石硫合剂，消灭越冬病菌，减少侵染病源，兼治介壳虫等其他病虫害。

（3）在核桃展叶前，喷 1：0.5：200（硫酸铜：生石灰：水）的波尔多液，保护树体，既经济效果又好。

（4）在 5 ~ 6 月发病期，用 50% 可湿性托布津粉剂 1 000 ~ 1 500倍液防治，效果较好。

（5）采收后，结合修剪，清除病枝，收拾净枯枝病果，集中烧毁或深埋，以减少病源。

（二）炭疽病

俗称瞎子病，属于病毒病害，人们叫树木的"癌症"，病毒通过刺吸式的昆虫、嫁接、机械损伤等途径传播。主要危害核桃果实，引起早落或核仁干瘪。病果常有多个病斑，病斑扩大连片后导致全果变黑，腐烂达内果皮，核仁无任何食用价值。苗木和幼树的芽、嫩枝感病后，常从顶端向下枯萎，叶片呈烧焦状脱落（彩图9-7，见书后彩页）。

防治方法：基本上与防治核桃黑斑病相同，喷药时间略晚。

（三）腐烂病

又称黑水病，属细菌病害，病原细菌主要通过雨水、昆虫、种苗、土壤及残余病株等进行传播。主要危害幼树主干和大树的主枝。腐烂病发生的地方即病斑，皮层筛管传导组织功能丧失，严重影响树体营养液的输送，造成上部枝条枯死，结果能力下降。病害症状：病斑连片成大的斑块，周围聚集大量白色菌丝体，从皮层内溢出黑色粉液。有酒糟味。

防治方法：

（1）秋季核桃叶大部分尚绿时不要浇水，因为此时树木吸收大量水分后，冬季树体受冻将造成裂缝，避免春季病菌顺缝侵入造成树干腐烂病害。

（2）药物防治50%退菌特50倍液；波美5°～10°石硫合剂；1%硫酸铜液进行涂抹消毒，刮口应光滑，平整，以利愈合。

（3）采收核桃后，结合修剪，剪除病虫枝，刮除病皮，收集烧毁，减少病菌侵染源。

（四）枝枯病

俗称核桃枯梢病，属于真菌病害引起。主要为害核桃枝干，造成枯枝和枯干。一般植株被害率20%左右，严重时达90%，对产量影响较大。病害症状：1～2年生的枝梢或侧枝受害后，先从顶端开始，逐渐蔓延至主干。受害枝上的叶变黄脱落。病枝皮层逐渐失绿，变成灰褐色，干燥开裂，并露出灰褐色的木质部，当病斑扩展绕枝干一周时，枝条逐渐枯死。

防治方法：

（1）加强栽培管理，增强树势。

（2）剪除枯枝。6～8月连续喷3次代森锰锌300倍液，每隔10天喷一次，防治效果好。

（3）加强土壤管理：每年全园耕翻1～2次，树盘松土除草。

第十章　核桃采收贮藏

一、采收

（一）采收日期

坚果树种与核果类及仁果类（苹果、梨等）树种不同，它有两个组成部分——可食用的核仁与青果皮。只有青果皮成熟后才易于采收，而核仁与青皮不一定同步成熟，这主要与气候有关。在冷凉气候下，青果皮离核加快，而气温高时核仁成熟较快。理论上核桃采收期是坚果内隔膜刚变棕色时，此时为核仁成熟期，采收的核仁质量最好。生产上核桃果实成熟的标志是青果皮由深绿变为淡黄，部分外皮裂口，个别果实脱落，此时为采收适期。核桃在成熟前 1 个月内果实大小和坚果基本稳定，但出仁率与脂肪含量均随采收时间推迟呈递增趋势（表 10 - 1）。

表 10 - 1　不同采收期出仁率和脂肪含量变化

项　目	采收日期（日/月）						
	20/8	25/8	30/8	4/9	9/9	14/9	19/9
出仁率（%）	43.1	45.0	45.2	46.7	46.4	46.4	46.8
脂肪（%）	66.6	68.3	68.8	68.7	68.8	68.9	69.8

（河南省果树研究所，郭俊英，1980 ~ 1982）

目前，我国核桃掠青早采现象相当普遍，有的地方 8 月初就采收核桃，从而成为影响核桃产量和降低坚果品质的重要原因之一，应该引起各地足够重视，制定统一采收适期。

（二）采收方法

采收核桃的方法分人工采收法和机械振动采收法两种。人工采收法是在核桃成熟时，用有弹性的长木杆或竹竿，自上而下，由内向外顺枝敲击，较费力费工。在国外，近年来试用机械振动法采收核桃。

二、脱青皮

核桃脱青皮的方法有堆沤脱皮和药剂脱皮两种。堆沤脱皮是我国核桃脱皮的传统方法。其做法是核桃采收后随即运到荫蔽处，或通风的室内，带青皮的果实避免在阳光下直晒，因为怕发热使核仁变色。果实堆积厚度 80 厘米，上面覆盖蒿草 20 厘米厚，一般经 3～5 天，当青皮发泡或出现绽裂时，及时用小刀脱皮。堆沤时间长短与成熟度有关，成熟度越高，堆沤时间越短。药剂催熟脱皮法，是当核桃采收后用浓度为 3 000～5 000 毫克/千克的乙烯利溶液浸半分钟，或随堆积随喷洒，按 50 厘米左右厚度堆积，在温度为 30℃左右，相对湿度 80%～90% 的条件下，经 2～3 天即可脱皮，此法不仅时间短，工效高，而且还能显著提高果品质量。在应用乙烯利催熟脱皮过程中，为提高温湿度，果堆上可以加盖一些干草，但忌用塑料薄膜之类不透气的物质蒙盖，不能装入密闭的容器中。

三、清洗

为了提高核桃的外观品质，脱皮后要及时洗去坚果表面残留的烂皮、泥土及其他污物。洗涤方法通常是把刚脱皮的坚果装入筐内，将筐放在水池或流水中，搅拌 5 分钟左右，捞出摊放于席箔上晾晒。

四、坚果干燥

贮藏的核桃必须达到一定的干燥程度，以免水分过多而霉烂，坚果干燥是使核壳和核仁的多余水分蒸发掉。坚果含水量随采收季节的推迟而缩短。干燥后坚果（壳和核仁）含水量应低于 8%，高于 8% 的，核仁易生长霉菌。生产上以核桃内隔膜变为褐色，仁油粘手为标准。

我国核桃干燥方法有日晒和烘烤两种。刚冲洗干净的湿核桃不能立即置于烈日下暴晒，应摊放在竹（或高粱）箔上晾半天，待大量水分蒸发后再摊晒。晾晒时，果实摊放厚度以不超过两层果实为宜，一般 5~7 天即可晾干。

云南等南方核桃产区，由于采收季节多阴雨天气，日晒干燥受限制，自 20 世纪 60 年代以来采用了各种形式的烘烤房干燥办法。烘房有进排气孔，烘架上摊放果实厚度不超过 15 厘米，烘房温度在先低后高，果实烘烤后到大量水气排除之前，不要翻动烘架上的果实。但接近干燥时要勤于翻动，方能干燥均匀。当坚果相互碰撞时声音脆响，砸开果实其横隔膜极易折断，核仁酥脆，坚果含水量不超过 8%，就达到要求（彩图 10 - 1，见书后彩页）。

五、核仁化学成分及采后生理

1. 化学成分

蛋白质约占核仁干重的 15%，主要氨基酸成分是：苯丙氨酸、异亮氨酸、缬氨酸、蛋氨酸、色氨酸、苏氨酸、赖氨酸和组氨酸。糖为果糖、葡萄糖和蔗糖，以后两种为主。脂肪主要含有 4 种脂肪酸与糖醇和丙三醇结合成三酸甘油酯。核桃仁主要含不饱和脂肪酸，即在脂肪酸分子链上由二价碳原子相联结，约占整个脂肪酸的 90%，其中，油酸占 13%，有 1 个双键，亚油酸占 65%，有两个双键，亚麻酸占 12%，有 3 个双键。故核桃油的质量好，但同时也增加了被氧化的几率。

核桃仁的微量可溶性化合物尚有维生素 C、苹果酸和磷酸以及各种氨基酸。其中，有两种蛋白质内不常发现的 γ – 氨基丁酸和瓜氨酸，γ – 氨基丁酸是传递神经冲动的化学介质。

2. 采后生理

干燥核仁含水量很低，所以，呼吸作用很微弱。核桃脂肪含量高，占核仁的 60% ~ 70%，因而会发生腐败现象。在核桃贮藏期间，脂肪在脂肪酶的作用下水解成脂肪酸和甘油，因为核仁含水量很低，所以，分解速度很慢。甘油代谢形成糖或进入呼吸循环。脂肪酸因不同的组分可以进行以下几种反应：α – 氧化、β – 氧化、直接加氧（由脂肪氧化酶催化）和直接羟化，生成许多反应产物。低分子脂肪酸氧化生成醛或酮都有臭味，脂肪酸的双键先氧化为过氧化物，再分解成有臭味的醛或酮。油脂在日光下可加速此反应。坚果在 21℃贮藏 4 个月就会发生腐败，而在 1℃下经两年才开始显现。

降低核仁与氧之间的相互作用可减少腐败与臭味。将充分干燥的核仁贮于低氧环境中可以部分解决腐败问题。

　　核仁种皮的理化性质有保护作用，它含有一些类似抗氧化剂的化合物，这些化合物可首先与空气中的氧发生氧化，从而保护核仁内的脂肪酸不被氧化。

　　种皮抗氧化保护核仁的能力是有限的，且有种皮内单宁的氧化过程中转为深色。因此，脱壳核仁在贮藏过程中转为深色是氧化作用的结果。种皮氧化后变深色使核仁的外观品质降低，但却对保持核仁风味不变起到保护作用。

　　脱壳时，核仁因破碎而使种皮不能将核仁包严，故需在1.1～1.7℃下冷藏，保藏2年后仍不腐败。这是因为冷柜内氧气有限，且腐败反应在低温及黑暗中降低的缘故。

六、贮藏

　　核桃适宜的贮藏温度为1～2℃，相对湿度75%～80%。一般的贮藏温度也应低于8℃。坚果贮藏方法随贮藏数量与贮藏时间而异。数量不大，贮藏时间较长的，采用聚乙烯袋包装，在冰箱内1～2℃的条件下冷藏2年以上品质良好；若贮藏期不超过次年夏季的，装入龙网袋或布袋中低温贮藏。近年来又用塑料薄膜帐密封贮藏，在北方地区冬季由于气温低，空气干燥，在一般条件下不致发生明显的变质现象，所以，秋季入帐的核桃，不需要立即密封。从次年2月下旬开始，气温逐渐回升时，开始用塑料膜帐进和密封保存。密封应选择温度低，空气干燥的时候。如果空气潮湿，核桃帐内必须加吸湿剂，并尽量降低贮藏室内的温度。

　　果帐内通入50%的CO_2或N_2对核桃贮藏有利，由于核桃在低氧环境中即可抑制呼吸，减少损耗，抑制霉菌的活动，还可防止油脂氧化而产生的腐败。

核桃贮藏中会发生鼠害或虫害，一般采用溴甲烷 40～50 克／立方米熏蒸库房 3.5～10 小时有显著防治效果。

七、坚果及核仁商品分级标准

核桃坚果及核桃仁最后变成商品投入市场，以品质、外观、大小决定着价格。我国加入 WTO 以后，为增强国际竞争力，这一环节也很重要。

（一）坚果分级标准

坚果越大价格越高。根据外贸出口的要求，以坚果直径大小为主要指标，通过筛孔为三等。30 毫米以上为一等，28～30 毫米为二等，26～28 毫米为三等。美国现在推出大号和特大号商品核桃，我国也开始组织出口 32～36 毫米核桃商品。出口核桃坚果除以果实大小作为分级的主要指标外，还要求坚果壳面光滑、洁白、干燥（核仁水分不超过 4%），杂质、霉烂果、虫蛀果、破裂果总计不允许超过 10%。

1987 年我国国家标准局发布的《核桃丰产与坚果品质》国家标准中，以坚果外观、单果平均重量、取仁难易、种仁颜色、饱满程度、核壳厚度、出仁率及风味等八项指标将坚果品质分为 4 个等级（表 10-2）。

表 10-2　核桃坚果不同等级的品质指标（GB 7907—87）

指标	优级	1 级	2 级	3 级
外观	坚果整齐端正，果面光或较麻，缝合线平或低		坚果不整齐不端正，果面麻，缝合线高	

（续表）

指标	优级	1 级	2 级	3 级
平均果重（克）	≥8.8	≥7.5		<7.5
难仁难易	极易	易		较难
种仁颜色	黄白	深黄		黄褐
饱满程度	饱满	较饱满		
风味	香、无异味	稍涩、无异味		
壳厚	≤1.1	1.2～1.8		1.9～2.0
出仁率	≥59.0	50.9～58.9		43.0～49.9

核桃坚果一般都采用编织袋包装。出口商品坚果根据客商要求，每袋重量为 25 千克，包口用针逢，并有每袋左上角标注批号（彩图 10-1，见书后彩页）。

（二）核桃仁的分级标准

核桃仁主要依其颜色和完整程度划分为 8 级，也称"路"。即：

白头路：1/2 仁，淡黄色（也称尖白）；

白二路：1/4 仁，淡黄色；

白三路：1/4 仁，淡黄色；

浅头路：1/2 仁，浅琥珀色；

浅二路：1/4 仁，浅琥珀色；

浅三路：1/8 仁，浅琥珀色；

混四路：碎仁，色浅且均匀；

深四路：碎仁，深色。

第十一章 核桃大树移植

　　随着科技进步及生活、生产的需求，现在人们越来越重视核桃大树的移栽工作，这是快速成林或达到理想效果的一条有效措施，近年来核桃树移栽其成活率和规模档次也越来越高。汾阳市的英雄路"市树一条街"，1986 年大树进城栽植 8～10 厘米胸径大树 520 余株，27 年来已长得遮天蔽日，成为"汾州核桃"的"形象大使"。为迎接 2013 年 7 月第七届世界核桃大会在汾阳市召开，2012 年汾阳市移植核桃大树 37 000 余株，发展了两个 500 亩的片林和 3 条街道（彩图 11－1，见书后彩页）。

一、大树移植基本原理

1. 大树移植视如动物手术对待
　　核桃大树移植胸径应为 10 厘米以上的树木，移植时要对树木进行截干断根（2/3）的枝干和根系应除去，即对树木进行大手术，伤口要平整，消毒敷药包扎，防冬处理、移后要进行输液打吊针，输入植物氨基酸及生长调节剂。

2. 大树水分养分收支平衡原理
　　大树根被切断后，吸收水分和养分能力严重减弱，甚至丧失，在新根长出前，支撑树干和部分枝叶蒸腾作用就是靠体外输入的液体。这样才能维持大树生命或促进其正常发育。

3. 树木与环境近似生境原则

大树近似生境原理指光、气、热、小气候和土壤、海拔等因子近似于树木生存环境的生态环境时，树木成活就好。反之，成活就受到影响。

二、大树移植基本措施

（1）主要剪除 2/3 的枝干，留少许小枝条。

（2）挖土球，土球的直径一般为树木胸径的 5～7 倍，起吊时尽量不要将土振落。

（3）用草绳缠土球和主干。

（4）用"根灵"稀释 600 倍液喷根部。

（5）起运：注意枝条伤口整洁涂石蜡或油漆，不要多暴晒。

（6）植树坑内最低层应施入 1.5～2.5 千克有机肥与土混入。

（7）再将根部喷 1 次 1 000 倍液生根粉，放入坑中，深度是地径的 2 倍。

（8）扶正放土，浇水、输液、每隔 10 天满浇一次水。

（9）将树干缠草绳，支撑固定架，每隔 7 天利用晚上用喷雾器向树干喷一次营养液，以补充白天蒸腾作用失去的水分，促进新枝芽尽快发出，带动树体内导管、筛管树液流动，以利于恢复树势。

三、大树移植养护技术

大树移植是"三分栽，七分管"在移植 2 年内日常护养很重要。

（1）输液与浇水　每次浇水要慢渗、浇透，夏季早晚向树干每隔2天就应喷1次水。输液通常一周输完，过快过慢都不正常，应注意检查。

（2）缠绳防晒保湿　缠草绳不能过紧、过密，以免影响皮孔呼吸导致树皮腐朽，待第二年秋应将绳解除。

（3）摸芽除萌　即对枝干上部长出无用的嫩芽应摸除，对干基部萌出的芽要及时清除。

（4）防治冻害　北方过冬时应用防寒编织带进行缠树或搭棚。再是用"冻必施"喷树干枝或全枝，保证大树及新长的嫩枝安全过冬。

（5）土壤透气　良好的土壤通透条件，能促进根部伤口愈合和促生新根。有3种办法：第一，在单株外围斜放入5~7根PVC管，管上打许多小孔，以利于透气。第二，挖排水沟，对易积水的地方可横纵深挖排水沟。第三，挖环状沟填入沙或施入珍珠岩，改善土壤渗透性。

第十二章　汾州核桃栽培与管理技术规程
Fenzhou Walnut Cultivation and
Management Technical Specification
山 西 省 地 方 标 准

DB 141182/T001—2007

一、范围

本标准规定了汾州核桃树适宜栽培的自然条件、优良品种、苗木繁育、建园、栽培、管理、高接换优、核桃采收、果实处理及病虫害防治。

本标准适用于类似汾州核桃立地条件的栽培区域。

二、规范性引用文件

下列文件中的条款通过本标准的引用而成为本标准的条款。凡是注日期的引用文件，其随后所有的修改单（不包括勘误的内容）或修订版均不适用于本标准，然而，鼓励根据本标准达成协议的各方研究是否可使用这些文件的最新版本。凡是不注日期的引用文件，其最新版本适用于本标准。

GB2763　　　　　食品中农药最大残留限量

GB/T 5009.3	食品中水分的测定
GB/T 5009.5	食品中蛋白质的测定
GB/T 5009.6	食品中脂肪的测定
GB 7718	预包装食品标签通则
GB 16326	坚果食品卫生标准
GB 17924	原产地域产品通用要求
GB/T 20398	核桃坚果质量等级

三、适宜栽培条件

年平均气温 8～15℃，极端最低温度不低于 -30℃，极端最高温度在 38℃ 以下，无霜期 150 天以上，年降水量 400 毫米以上，海拔高度在 800～1 200 米，沙壤土、壤土、褐土均可栽培。

四、品种

（一）品种的选择

以晚实品种为主（如晋龙 1 号、晋龙 2 号、晋薄 2 号以及国外引种成功的清香等），适量发展早实品种（如中林 1 号、中林 3 号、强特勒、鲁光、辽核 1 号、辽核 3 号、扎 343、京 861 以及从新疆引种的汾林 1 号、汾南 3 号等），根据立地条件和市场前景在一个栽培区域确定主栽品种 2～3 个。

（二）主栽品种

汾州核桃选择适应性强、抗逆性强、出仁率高、抗病的品种，注意按（4～5）：1 配置授粉树。

五、育苗管理

（一）育苗地选择

选背风、向阳、土层深厚、肥沃、排灌条件良好的沙壤土或壤土作为育苗地。忌重茬连作。可用嫁接法育苗，接穗必须是适宜当地的良种。

（二）砧木育苗的培育

砧木可用实生核桃苗。

1. 选择种子

砧木种子采用北方核桃种子，最好是本地种子。选用充分成熟的果实、发芽率85%以上的核桃做为种子。

2. 播种前种子处理

核桃种子一般要当年土壤封冻前进行沙藏层积处理80天左右，可保苗齐苗壮。若来不及处理，也可于播种前用0.3%石灰水浸泡7～10天后种子吸足水，晾晒1天，待大部分种子开口露白后播种。

3. 整地和施基肥

播种前进行翻耕和精细整地，每公顷施入腐熟农家肥12 000～15 000千克（每667平方米400～500千克），施肥后耙平，做成宽2米的畦，灌水。

4. 播种

在土壤解冻后进行，播种时期一般以3月下旬至4月中旬为宜。播种量每公顷1 025千克（每667平方米60～75千克），覆膜打孔点播。播种方法采用打孔点播。宽行行距60厘米，窄行行距 40 厘米，播种沟深 3 ~ 4 厘米，播种后覆土。打孔播种法：将土地平整后，将地膜盖平、拉紧，按株行距打孔播种，每孔 1 粒种子，播种深度 3 ~ 4 厘米。

5. 铺膜

为提高苗木生长量，缩短育苗周期，可采用地膜覆盖育苗法。

6. 灌水和中耕除草

幼苗出齐后，浇水催苗，中耕除草。

7. 追肥

结合浇水第一次追肥，每公顷施尿素 112.5 ~ 150 千克（每 667 平方米 7.5 ~ 10 千克）。第二次追肥在 6 月下旬至 7 月上旬，每公顷施复合肥 225 ~ 300 千克（每 667 平方米 15 ~ 20 千克）。

（三）嫁接

1. 接穗

选择品种纯正、生长健壮、无病虫害生长、充实、芽体发育好的一年生枝为接穗。

2. 接穗处理

接穗采集时，要及时去叶防止失水，在运输时要铺上一层核桃叶，防止叶柄与接穗摩擦。

3. 砧木

用作砧木的核桃苗地径在 0.8 厘米以上。

4. 嫁接时期与方法

嫁接时期一般以 5 月下旬至 6 月中旬为宜，嫁接方法用方块芽接最理想。嫁接位置在根茎处以上 8 ~ 10 厘米处。

5. 打顶

嫁接后从接芽处以上留 2 ~ 3 片叶子，其余上部全部剪掉。

6. 灌水降温

由于嫁接后，去掉砧木叶片，如遇高温会使地表温度高达40℃左右，灌水可降低地表温度，提高穗芽成活率。

7. 解除薄膜

嫁接后 20~30 天检查成活率，苗高 10 厘米左右时解除薄膜。

8. 除萌

嫁接后应及时除萌，一般须除萌 2~3 次。最后一次除萌可连留下的 2~3 叶一块剪掉。

9. 田间管理

适时中耕、除草、施肥、浇水，培育壮苗。

六、建园

（一）园地选择

选择土层深厚、土壤肥沃、排灌良好的沙壤土或壤土建园，山地建园坡度应在背风向阳地块，核桃园周围没有严重污染源。

（二）园地规划设计

栽植前进行园地规划和设计。包括防护林带、道路、排灌渠道、作业小区、品种配置、房屋及附属设施，合理布局并绘制出平面图。

（三）改良土壤

种植前，平川建园应进行土地平整，撂荒地应进行土壤改良，山区或丘陵区应修筑水平梯田。

（四）整地

可采用坡地集蓄径流水沟、鱼鳞坑、水平梯田、锅底状的整地方式。

（五）栽植密度

（1）平川早密丰建园　株距2～4米，行距4～6米，27～83株/667平方米。

（2）山地建园　株距4～6米，行距8～10米，10～20株/667平方米。

（3）核粮间作　丘陵地其行距因地而定，或沿地埂栽植，株距以4～6米为宜。

（六）栽植时期

栽植行向尽量为南北方向，山区沿等高线栽植。秋栽在苗木落叶后至土壤封冻前进行，但应及时埋土防寒。春栽在土壤解冻后发芽前进行。

（七）栽植方式

旱地挖70厘米见方、水地挖1米见方的定植坑，每穴施腐熟农家肥50千克左右，与坑土拌匀后回填到坑底部，栽植时应使苗根系舒展。栽植深度以苗木根颈与地面相平为宜。栽后并浇水，水下渗后，用细碎土壤覆盖平整穴面，然后进行地膜覆盖穴面，防止失水。

七、栽培管理

（一）土、肥、水管理

1. 土壤管理

每年雨季前及土壤封冻前进行核桃园土壤深翻1次，深度为15～20厘米，树冠下宜内浅外深，耕翻后耙平。山区核桃园逐年扩穴改土。

2. 中耕除草

生长季尤其是雨季树盘应及时中耕除草，松土保墒。

3. 间作

核粮间作园可间作小麦等低秆作物。纯核桃园行间可间作矮秆作物或绿肥。忌间作有害核桃树的高秆作物。间作时应留出1米以上的营养带。

4. 施肥

（1）**基肥** 以腐熟的农家肥为主，可适量加入速效肥，果实采收后尽早施入，秋季没有施基肥的核桃园，在春季土壤解冻后补施。施肥方法为环状沟施或放射状沟施，施肥量为每公顷3 000～6 000千克（每667平方米200～400千克）。

（2）**追肥** 追肥时期为开花前、幼果发育期、硬核期，施以速效性肥料，并结合灌水。生长前期以氮肥为主，生长后期以磷、钾肥为主。施肥方法为多点穴施，施肥后浇水。

（3）**叶面喷肥** 在开花期、新梢速长期、花芽分化期及采果后进行叶面喷肥，每次间隔2～3周，喷施时间以上午11时前或下午16时后为宜，前期以氮为主，后期以磷、钾为主。

（4）**配方施肥** 有条件的核桃园可根据树体营养化验、配方施肥等新技术，增强施肥针对性，提高施肥效果。

5. 浇水

（1）浇水时期　核桃树在萌芽期、幼果期、越冬前、干旱时应及时浇水。

（2）灌水方法　一般采用畦灌、沟灌。干旱缺水地区及丘陵山区采用穴灌溉，有条件的地区，提倡采用滴灌、喷灌等节水灌溉方法。平川低洼地带或排水不良的核桃园，要设置排水沟渠，及时排出积水，防止涝害。

（二）花期管理

在初花期把 90% 的雄花去掉，在雄花萌动前进行。再是人工授粉，从健壮成年树上采集，将要散粉的粗壮雄花序，放在室内 1~5 天内，当雌花呈倒八字形、表面有大量黏液时，用纱布袋抖授法进行授粉。

（三）整形修剪

1. 修剪时期

核桃树的修剪主要在发芽长叶后到落叶前进行。

2. 主要树形及结构

（1）疏散分层形　此树形多用于核粮间作，适用于密度在 40 株/667 平方米以下的核桃园。疏散分层形有明显的中心主干，主干 100~200 厘米，全树有 6~8 个主枝，分 2~3 层分布在中心主干上。第一层主枝 3 个，第二层主枝 2~3 个，第三层主枝 1~2 个；主枝与中心主干的基部夹角约为 60°，第一层主支上着生 2~3 个侧枝，第二层主枝着生 1~2 个侧枝，第三层主枝上不分布侧枝。侧枝在主枝上要均匀分布，第一侧枝与中心主干的距离为 40~80 厘米，同一主枝上相邻的两个侧枝之间的距离为 30~50 厘米；第一层与第二层之间的层间距约为 120 厘米，第二层与第三层之间的层间距为 80~100 厘米。

（2）自然圆头形 此树形适宜于树姿开放、干性强的品种，在管理较粗放的核桃园应用较多。没有明显的中央主枝，全树有6~8个主枝，错落排列在中心主干上；主枝之间的距离为70~80厘米，主枝与中心主干的夹角为60°~70°；每个主枝上着生1~2个侧枝，分布均匀。第一侧枝与中心主干的距离应为60~80厘米，同一主枝上相邻的两个侧枝之间的距离约为60厘米；骨干枝不交叉，不重叠。

（3）开心形 此树形适宜于干性弱的品种。主干高100~120厘米，树体没有中心主干；全树3~4个主枝轮生或错落着生在主干上，主枝的基角为40°~50°，每个主枝上着生3~4个侧枝，同一主枝上相邻的两个侧枝之间的距离为40~60厘米，侧枝在主枝上要分布均匀，不相互重叠。

（4）纺锤形 此树形适宜早密丰核桃园，在直立的中心主干上，均匀地分布7~10个主枝。干高一般为80~100厘米；相邻两主枝之间的距离为30厘米左右；主枝的基角为80°~90°，主枝上不着生侧枝，直接着生结果枝组。

3. 整形技术要点

（1）疏散分层形

①定干：核粮间作树的定干高度为1.2~1.5米，普通核桃园的定干为1.0米左右，剪口下整形带20~40厘米，在定干部位剪除其上部的中心主干，将剪口下第二枝从基部疏除，在整形带范围内选3个方向好、角度好，生长健壮的枝条培养成为第一层主枝。整形带以下的枝条全部从基部疏除。

②中心主干的培养：定干后第一年中心主干延长枝的长度若不能达到培养第二层主枝的高度，或枝条由于过细、芽体不饱满而不能培养第二层主枝，第二年可对主干延长枝进行适当轻剪或缓放不剪，在主干延长枝的粗度、高度及芽体的饱满程度达到要求后，再培养第二层主枝，方法是在距第一层主枝100~140厘

米的高度短截，同时疏除剪口下第三个枝条，在剪口下20~40厘米的区间内选2~3个方向适当、生长健壮的枝条，培养第二层主枝2个或3个，其余作辅养枝处理，同法培养第三层主枝1个或2个，主侧枝枝条延长头，不能留背后枝。

③侧枝的培养：在第一层主枝距中心干50~60厘米处剪截，选2~3个分枝角度较大的枝条作侧枝。各主枝的第一侧枝应留在主枝的同一侧。第二侧枝应在第一侧枝的另一侧，第三侧枝与第一侧枝在同侧。其余主枝上的侧枝培养方法相同。

（2）纺锤形

①定干：生长季节在中心主干80厘米处短剪，疏除主干剪口下第二个枝条或萌芽前将80厘米以上顶侧芽全部抹去进行抹芽定干。

②主枝培养：在整形带内选选位置适合的2~3个枝条作主枝培养。第三、第四年同法培养其余主枝，所有主枝的基角为80°~90°，在主枝上萌发的枝条，通过摘芯培养成结果枝组，不留侧枝。注意调节各主枝之间枝势的平衡，保持中心干的优势，主枝粗度超过主干粗度的1/2时，及时更新主枝。

4. 不同年龄时期核桃树的修剪

（1）幼树的修剪

①修剪原则：通过各种不同程度的修剪来培养中心干和主侧枝等，修剪要坚持摘芯为主，疏枝为辅的原则，达到调节光照、培养枝组、平衡树势、果枝均匀的目的。

②结果枝组的培养：不同结果枝组在树上交错排列，大型结果枝组侧生在主侧枝上，背上安排中小型枝组，基部以大型结果枝组为主，中上部以中小型结果组为主。

③大型结果枝组的培养：一般3年内完成，第一年夏季留50~60厘米摘芯，以增加二次枝三次枝，第二年夏季新梢再留50~60厘米摘芯，第三年夏季新梢长至30~40厘米摘芯。摘芯

的同时，疏除直立枝、过密枝。

④中型结果枝组：第一年夏季新梢留 50～60 厘米摘芯，增加二次节数，第三年夏季再摘芯、疏除过密枝、直立枝。

⑤小型结果枝组：新梢当年留 2～6 个二次枝摘芯即成。

（2）盛果期树的修剪

①修剪原则：注意合理负担，平衡树势，调节光照，增加枝组，提高产量。

②控制树冠继续扩大，预防提前郁闭：对于树高和冠幅达到要求的核桃树，采用回缩和疏枝的方法，控制骨干枝继续延伸生长，促进结果。

③平衡各级骨干枝生长势：盛果期树，骨干枝生长势强弱与盛果期长短有直接关系，若骨干枝生长势不同，直接影响产量的合理分布，所以要控制生长势强的骨干枝，促进生长势弱的骨干枝，使得树势达到平衡。

④清除无效枝：修剪时，要及时疏除交叉枝、并生枝、轮生枝和过密枝、细弱枝、枯死枝、病虫枝，回缩下垂枝至分枝处或弯曲处，减少营养的无效消耗。

⑤更新结果枝组：结果枝组在大量结果衰弱时要及时更新。小型结果枝组更新时，回缩其上二次枝，集中营养促生新结果枝组。大中型结果枝组更新时，疏除上部萌生的直立枝，选留中下部新生新梢加以培养，并逐年回缩原有衰老枝组，待新枝达到原有结果枝组的长度时，疏除原有枝组。对于中下部无枝的衰老结果枝组，要重回缩，促生新枝，重新培养，更新枝组。

（3）放任核桃树修剪　要因枝修剪，随树做形，打开光路，疏除密生的大枝，培养各类结果枝组。

①疏枝：根据骨干枝的稠密和方向，疏除部分相互重叠和扰乱树形的大枝，然后再疏除叉枝、重叠枝、枯死枝、并生枝、轮生枝、细弱和病虫枝，打开层次，通风透光，需疏除较多大枝

时，要逐年疏除。

②回缩：首先要将中心枝上在大型骨干枝处落头，从顶部解决光照问题，其他过旺骨干枝回缩至分支处，使骨干枝开角。

八、高接换优

（一）高接换优的作用

通过高接换优，把不适合当地生长的，产量不高、质量不好的劣质核桃树，换成高产稳产、品质优良的汾州核桃优良品种。

（二）春季枝接

（1）枝接时间　在汾阳地区以4月中下旬为好。

（2）枝接方法　把砧木和蜡封好的接穗分别削成马耳形削面后，在砧木与接穗削面三分之一处各纵切一刀，然后插在一起，插好后用绑扎带绑牢固，再把接口蜡封。

（3）接后管理

①放水：在核桃树主干上用手锯斜锯放水，锯口深度要达木质部。

②除萌：把砧木萌生出来的新梢全部抹掉。

③浇水追肥：高接成活后，根据情况，进行适量浇水、追肥，促进接穗生长，尽快恢复树冠。

④防风折：高接成活后，接穗生长快，要搭支架以防风折。

⑤摘芯：接穗长到60～80厘米时，进行摘芯，促生分枝，增加营养面积，扩大树冠。

（三）夏季芽接

（1）芽接时间　在汾阳地区，核桃高接时间为5月下旬至6

月中旬最好。

（2）接穗的采集　采集粗度在1.2厘米以上的优质接穗，采集时接穗要及时剪去复叶，衬叶包装运输。

（3）砧木的处理　回缩各级骨干枝进行多头高接。

（4）芽接方法　核桃树夏季高接应选方块形芽接。具体方法是：在接芽上下各1厘米处，各横切一刀，在砧木上削取与接穗上等大的树皮，接上芽片，用塑料绑严即可。

（5）接后管理

① 留叶剪截：在高接枝上留5~7片叶剪截，打破顶端优势，促进伤口愈合。

②剪叶去萌：高接后10天左右，砧木长明萌芽时除萌，一并把留下叶剪掉。

③摘芯：当接芽成活，长到50~60厘米时，进行摘心。

④ 浇水追肥：接芽成活后，应根据情况浇水结合追肥1~2次。

⑤ 松土锄草：高接后要中耕锄草2~3次，防止土壤板结、杂草丛生。

九、果实采收

要求1/3的青果开裂时为最佳时期，在汾阳市白露为打核桃的最佳时期，先开打平川区、丘陵区及后山区，先早实品种后晚实品种，相隔3~5天。青皮核桃堆放3~5天后，用小刀剔去青皮，并进行清洗、晒干。

十、果实处理

除去青皮后的坚果应及时摊晒或烘干处理，对烘干箱或炉内温度不得超过43℃，晾晒或烘干至种仁含水率达7%以下。

十一、虫害防治

（一）核桃举肢蛾

1. 为害症状

主要以幼虫为害核桃果实，幼虫进入青皮后，在青果皮内蛀食多条隧道，并充满虫粪，被害处青皮变黑，造成早期落果，有的未落，但核仁变质，失去食用价值，是降低核桃产量和品质的主要害虫。

2. 为害程度划分标准

见表12-1。

表12-1   核桃举肢蛾为害程度划分标准

为害程度	虫态	黑果率
轻　　度	幼虫	10%以下
中　　度	幼虫	11%~20%
重　　度	幼虫	21%以上

3. 虫情调查

（1）虫情调查时间　　在每年的5月初成虫未羽化前和7月中旬幼虫脱果前进行。

（2）调查虫态和方法

①虫茧调查：在5月初成虫未羽化前，在林地内，根据不同的立地条件，按随机抽样法确定样树，在株树的树盘内按东西南北不同方位各取面积为1平方米的样方，调查样方内20厘米深度土层内虫茧数量，最后计算虫口密度。

②虫果调查：在7月中下旬幼虫脱果前，在不同的立地条件下，按随机抽样法抽取样株，样株不得少于防治株数的5%，在样株树冠的东西南北四个方向，各取10个果实，计算虫果率。

4. 核桃举肢蛾各虫态发生期

见表12-2。

表12-2　核桃举肢蛾各虫态发生期

虫态	发生期
幼虫	蛀果为害期6月下旬至7月下旬，脱果越冬期7月下旬至次年5月下旬
蛹	5月下旬至7月下旬
成虫、卵	6月下旬至8月下旬

注意事项：树上喷药必须做到上下均匀，细致周到，不留空白，如喷药后不到24小时，遇雨冲刷，应重喷。

5. 防治办法

（1）采果后至次年5月中旬翻耕、扩盘、清园，可消灭大部分越冬幼虫，降低虫源基数。

（2）在6~8月期间摘黑果，集中销毁。

（3）从成虫产卵期开始，即6月中旬至7月中旬，分3次进行树冠喷药，每次喷药间隔期为10天，可杀死卵及初孵幼虫。可供选药剂有：40%乐果乳油800~1 000倍液，2.5%溴氢菊酯2 000倍液，20%阿维灭幼脲可湿性粉剂。

（二）草履介壳虫

1. 为害症状

主要以若虫群集于枝条、嫩芽、叶片吸食汁液为害，致使树势衰弱，甚至枯死，影响产量。树体受害后，被害枝干上有一层黑霉，受害越重，黑霉越多。

2. 为害程度划分标准

见表 12 - 3。

表 12 - 3　草履介壳虫为害程度划分标准

为害程度	虫态	虫口密度
轻　度	若虫	20% 以下
中　度	若虫	21% ~ 50%
重　度	若虫	51% 以上

3. 虫情调查

虫情调查时间和方法：在 3 月中旬越冬卵孵化前和 6 月上旬成虫产卵后，在林地内，根据不同的立地条件，按随机抽样法确定样树，在样树的东西南北四个方位各取面积为 1 平方米的样方，调查根部及土中卵囊数量，最后计算虫口密度。

4. 草履介壳虫各虫态发生期

见表 12 - 4。

表 12 - 4　草履介壳虫各虫态发生期

虫　态	发生期
若虫	3 月下旬—5 月中旬
蛹	5 月中旬—5 月下旬
成虫、卵	5 月下旬—6 月上旬

5. 防治办法

（1）涂粘虫胶阻止若虫上树，若虫上树前，在树干2尺（67厘米）高处刮去粗皮，然后涂一圈3寸（20厘米）宽的粘虫胶（粘虫胶配方：废机油1份、石油沥青1份，加热溶解后搅匀即可）。

（2）若虫上树前，用6%的柴油乳剂喷洒根部周围土壤。

（3）若虫为害期分3~4次进行树冠喷药，每次喷药间隔为15天，可供选药剂：扑杀死、介死净、40%氧化乐果乳油、攻壳、高氯辛、1.8%阿维菌素乳油。

（4）秋冬整地挖树盘可杀灭树干周围的卵。

（三）大青叶蝉

1. 为害症状

在山西省汾阳1年3代，以卵在枝条皮层下越冬，主要在9月中旬至10月上旬，以第三代成虫产卵为害5年生以下幼树，产卵前用产卵器割开寄主表皮，外观呈月牙形，在里面产一排卵，使皮层鼓起，用手压可挤出黄色脓液，由于产卵密度大，次年春天若虫孵化后造成被害枝条、主干遍体鳞伤，经冬春干旱，致使幼树大量失水，枝条枯死。

2. 为害程度划分标准见表12-5。

表12-5　大青叶蝉为害程度划分标准

为害程度	虫　　态	虫口密度
轻　　度	成虫、卵	20%以下
中　　度	成虫、卵	21%~50%
重　　度	成虫、卵	51%以上

3. 虫情调查时间和方法

在每年的10月中旬以后和4月中旬以前采取随机抽样法调查卵块数量计算出口密度。

4. 各虫态发生期

见表 12 - 6。

表 12 - 6　大青叶蝉各虫态发生期

虫态	发生期
若虫	第一代 4 月下旬，第二代 6 月下旬至 7 月上旬，第三代 8 月下旬至 9 月上中旬
成虫	第一代 5 月中下旬，第二代 7 月中下旬，第三代 9 月下旬至 10 月上旬
卵	第一代卵 6 月上中旬，第二代 8 月上中旬，越冬代卵 10 月上中旬至次年 4 月中旬

5. 防治措施

（1）秋季产卵前在枝条上及幼树上涂白，阻止成虫产卵（涂白剂配方：生石灰 10 份，石硫合剂 2 份，食盐 1 ~ 2 份，水 40 份，还可加入少量杀虫剂，涂白部位以幼树主干和中心干为主。

（2）在 9 月中下旬至 10 月上旬，设置黑光灯，诱杀成虫，降低虫源基数。

（3）结合冬季修剪，对越冬卵量大的枝条进行剪除，或在嫩枝上按压产卵处，将虫卵压死。

（4）在 9 ~ 10 月，当成虫在核桃树附近杂草上集中为害时，可打药防治，每隔 7 ~ 10 天喷药 1 次，连喷 3 次，可选用药剂：40% 乐果乳剂 1 500 ~ 2 000 倍液或 2.5% 敌杀死 3 000 倍液，1.8% 阿维菌素乳油。

（四）铜绿金龟子

1. 为害症状

在山西汾阳 1 年 1 代，以幼虫在土壤深处越冬。主要在早春以幼虫为害根树体部，7 月以成虫取食叶片、嫩枝、嫩芽等，将叶片吃成缺刻或吃光，影响树势及产量。

2. 为害程度划分标准

见表 12 – 7。

表 12 – 7 铜绿金龟子为害程度划分标准

为害程度	虫态	叶片
轻 度	成虫	被害叶 1/3 以下
中 度	成虫	被害叶 1/3 至 2/3
重 度	成虫	被害叶 2/3 以上

3. 虫情调查时间和方法

上年 9 月以后和次年 4 月之前在林地内，根据不同立地条件，按随机抽样法，确定样树，在样树的东西南北四个方位的 20 厘米深度取 1 平方米样方，调查根部土中越冬幼虫数量，计算虫源基数。

4. 各虫态发生期

见表 12 – 8。

表 12 – 8 铜绿金龟子各虫态发生期

虫 态	发生期
幼虫	上年 9 月至次年 4 月
蛹	5 月
成虫、卵	5 ~ 8 月

5. 防治办法

（1）利用成虫有趋光性设置黑灯诱杀。利用其假死习性，人工震落捕杀或成虫期晚间堆火，引诱成虫入火自焚。

（2）成虫期树冠喷洒化学杀虫剂，每 10 天喷 1 次，重复

3~4次即可。可选药剂有：40% 乐果乳剂 1 000 倍液或 75% 辛硫磷乳剂 1 500 倍液。

（3）早春、晚秋结合修剪、整树盘、灌水，消灭土内越冬幼虫。

十二、病害防治

（一）核桃炭疽病

是核桃果实及苗木的一种真菌性病害。主要为害果实、叶片、芽和嫩梢。果实受害后，引起果实早落，核仁干瘪，降低产量和品质。

1. 发病症状

果实受害后，果皮上出现褐色至黑褐色圆形病斑，中央下陷且有小黑点，有时呈同心轮纹状。空气湿度大时，病斑多连成片，使果变黑腐烂、早落。

2. 发病时间

病菌在病果或病叶上越冬，在 6~8 月份借风雨和昆虫传播，从伤口或自然孔侵入，雨量大，树势弱、粗放管理时发病重。

3. 防治办法

（1）清除病枝、落果、落叶并集中、烧毁。加强树体管理，改善通风透光条件。

（2）发病前喷 1∶1∶200（硫酸铜∶石灰∶水）的波尔多液。

（3）发病期喷 40% 退菌特可湿性粉剂 800 倍液或 50% 托布津 800~1 000 倍液，或用 50% 多菌灵 800~1 000 倍液，每隔 15 天喷 1 次，重复 2~3 次。

（二）核桃腐烂病（黑水病）

该病害属一种真菌性病害，主要为害枝干、树皮。

1. 发病症状

幼树受害后，病部深达木质部，病斑菱形，水渍状，用手压时留出液体，有酒糟味。老树受害后，因树皮厚，病斑在外部无明显症状，当发现皮层向外溢出黑液时，皮下已扩展为较大的溃疡面。

2. 发病时间

春、秋两季为发病高峰期，以4月下旬至6月上旬为害最重，病菌在病部越冬，从伤口侵入，一般粗放管理，土层瘠薄，排水不良，水肥不足，树势弱或遭冻害的核桃树易感染此病。

3. 防治办法

（1）冬夏树干刷白，预防冻害和日灼，加强树体管理。

（2）刮除老皮和病斑，然后涂腐康生皮宝，刮下的病皮集中烧毁。

（三）黑斑病

黑斑病是一种细菌性病害，主要为害果实、叶片、嫩梢、芽、枝条。

1. 发病症状

幼果受害后，开始果面上出现小而微隆起的黑褐色小斑点，然后病斑扩大并下陷，无明显边缘，周围呈水渍状，果实由外向外腐烂。叶感病后，叶脉出现小黑斑，严重时黑斑连片，以致形成穿孔，提早落叶。

2. 发病时间

早春核桃展叶期，细菌借雨水和昆虫活动传播，先感染叶，再传至果及枝上，4月下旬至8月为发病期。病菌从皮孔或伤口侵入，一般高温多湿雨季发病严重。

3. 防治办法

（1）选育抗病品种，加强栽培管理。

（2）结合采后修剪，清除病枝、病果、集中烧毁。

（3）发芽前喷 1 次波美 3~5 度石硫合剂，消灭越冬病菌；生长期喷波多液或 50% 甲基托布津 500~800 倍液，花前、花后及幼果期各喷 1 次，效果良好。

（四）核桃枝枯病

该病属真菌性病害，主要为害枝干，造成大量枝条枯死，对树体生长和产量均有很大影响。

1. 发病症状

1~2 年生枝感病后，从顶端向主干逐渐干枯，叶片黄化脱落，枯枝上产生密集小黑点，湿度大时，流出黏液形成黑色瘤状突起。病菌在病枝上越冬，通过伤口侵入，只为害弱树。

2. 发病时间

在生长期内，树势弱，管理差又遇冬春寒冷或干旱，有利于该病的发生。

3. 防治办法

（1）清除病枝，集中烧毁。

（2）加强树体管理，注意防冻、防旱和防虫。

参考文献

［1］任成忠.加快汾阳县核桃生产基地建设.北京：中央编译出版社，1992

［2］任成忠.浅谈汾州核桃产业开发优势与策略.山西林业科技，2004

［3］（美）戴维·雷蒙斯主编.奚声柯，花晓梅译.核桃园经营.北京：中国林业出版社，1990

［4］核桃丰产与坚果品质.中华人民共和国国家标准 GB 7907—1987

［5］任世忠，任成忠.汾州核桃栽培与管理技术规程（山西省地方标准 DB141182）

［6］奚声柯，郗荣庭，马杰.世界核桃生产与科研动态.经济林研究，1990～1991

［7］吴国良，段良骅.现代核桃整形修剪技术图解.北京：中国林业出版社，2002

［8］裴东，鲁新政.中国核桃种质资源.北京：中国林业出版社，2011

［9］李保国，齐国辉.绿色优质薄皮核桃生产.北京：中国林业出版社，2007

［10］王贵，高中山.山西核桃良种推广现状及发展方向.经济林研究，1993

［11］任成忠.汾州核桃营养成分检测报告.中国林业科学研究院林业研究室，2007

［12］联合国粮农组织数据库［DBIOL］.http//faostat.fao.orgldefault.aspx

彩图 1-1　核桃菜肴

彩图 1-2　核桃油

·1·

彩图 1-3 "核桃虫抱棍　巍巍不动"——结婚所用

彩图 1-4 纳玛象化石（蹄）（2006 年汾阳南偏城发掘）

彩图 3-1 榆林市坡地微喷灌丰产园

彩图 4-1 核桃种子浸泡处理

彩图 4-2　美国一年生核桃嫁接苗

彩图 4-3　方块芽接技术

彩图 6-1　精致的瑞士剪刀

彩图 6-2　汾阳市庄子村核桃丰产园

彩图 7-1 大树高接
换优—芽接

彩图 7-2 高接换优后
一年生枝条

彩图 8-1　中林 1 号结果枝

彩图 8-2　中林 1 号结果状况

彩图 8-3 晋龙 2 号 4 年生株产 1.5 千克核桃

彩图 8-4 澳大利亚新建核桃标准示范园

彩图 9-1　核桃举肢蛾及危害状
[引自 : 中国农药第一网 ; 中国植物病虫图谱网（邱强摄）]

彩图 9-2　大青叶蝉

彩图 9-3 大青叶蝉危害状

彩图 9-4 刺蛾

彩图 9-5 草履
介壳虫

彩图 9-6 黑斑
病危害状

彩图 9-7　炭疽病

彩图 10-1　清洗后的核桃

彩图 11-1　汾阳市新栽核桃大树（2012 年 4 月）

美国专家来汾阳考察座谈

帮助西沟村发展核桃事业（和全国劳模申纪兰在一起）

和中国林科院核桃专家裴声珂在一起

国家地理标志产品"汾州核桃"专家评审会

李志祥　战吉成　任成忠　任世忠　贾爱林　谭日文　李瑞峰　李祖明　任海铭
李　悦　裴　东　刘国吉　高　杭　裴晓颖　闫国平　冯黎明　范引禄　刘晓光

中央电视台摄影基地
——山西省汾阳市强龙核桃产业中心

该中心建于1997年，在中国林科院、山西林科院专家教授的指导下,引进国内外品种60余种,占地200余亩。中心集核桃良种选育、苗木培育、核桃生产、加工销售于一体,每年向全国各地提供良种穗条50余万条,良种苗木60万株,生产核桃1万余斤,为汾州核桃的做强、做大、做精起到了示范带头作用。

四年株产2公斤

亩产300公斤

微喷核桃园

冬季核桃林

汾州百里核桃林带

高接换优

优种核桃苗

山西省汾阳市强龙核桃产业中心

首届中国核桃节